U0141227

微電影
行銷養成術

影音剪輯實作攻略 × 社群媒體行銷

［ 第二版 ］

鄭苑鳳 著 · ZCT 策劃

掌握影音製作與內容行銷的微電影行銷術

- ➡ 學習影片剪輯的實作技術
- ➡ 製作動感影音、獨具風格的特效影片
- ➡ 結合影片與社群媒體的心動行銷
- ➡ 發布上傳YouTube / Facebook / Instagram
- ➡ 使用AI繪圖及最新多媒體影音技術

博碩文化

作　　者：鄭苑鳳 著・ZCT 策劃
責任編輯：黃俊傑

董 事 長：曾梓翔
總 編 輯：陳錦輝

出　　版：博碩文化股份有限公司
地　　址：221 新北市汐止區新台五路一段 112 號 10 樓 A 棟
　　　　　電話 (02) 2696-2869　傳真 (02) 2696-2867

發　　行：博碩文化股份有限公司
郵撥帳號：17484299　戶名：博碩文化股份有限公司
博碩網站：http://www.drmaster.com.tw
讀者服務信箱：dr26962869@gmail.com
訂購服務專線：(02) 2696-2869 分機 238、519
（週一至週五 09:30 ～ 12:00；13:30 ～ 17:00）

版　　次：2025 年 1 月 初版一刷

建議零售價：新台幣 650 元
I S B N：978-626-414-089-8
律師顧問：鳴權法律事務所 陳曉鳴律師

本書如有破損或裝訂錯誤，請寄回本公司更換

國家圖書館出版品預行編目資料

微電影行銷養成術：威力導演實作攻略 x 影音
社群行銷 / 鄭苑鳳著 . -- 二版 . -- 新北市：
博碩文化股份有限公司，2025.01
　　面；　公分

ISBN 978-626-414-089-8(平裝)

1.CST: 多媒體 2.CST: 數位影像處理 3.CST:
網路行銷

312.8　　　　　　　　　　　113020190

Printed in Taiwan

博碩粉絲團　歡迎團體訂購，另有優惠，請洽服務專線
(02) 2696-2869 分機 238、519

　　行動數位影音的新時代，影片所營造的臨場感及真實性遠比文字與圖片來得強而有力，靜態廣告轉化為動態的微電影行銷已成為勢不可擋的時代趨勢。想要在短時間內透過影片行銷產品或宣傳理念，影片就必須在幾秒內就要能吸睛。要讓影片能夠依照自己的創意盡情的表現，同時快速吸睛進而造成轟動話題，那麼製作影片的技巧就不可不學。

　　這是一本以「威力導演 21」來做視訊剪輯的書籍，深入淺出地介紹威力導演的各項剪輯技巧，即使是新手也能透過幻燈片秀編輯器、Magic Movie 精靈、創意主題設計師等功能快剪影片，而想要快速累積視訊剪輯的實務經驗，本書也提供各項私房攻略，讓你碰到剪輯問題也不會不知所措，轉場、特效、音訊剪輯、動態文字、字幕、影片覆疊…等實戰技術，還有各種設計工具的應用與行動影音剪輯技術，本書也都不藏私，通通報給你知，讓你的創意更寬廣，再透過範例實作讓你的實務經驗更紮實。特別是上影片字幕是許多人的夢魘，這裡以過來人的經驗提供你上字幕的技巧，保證減輕你許多的工作壓力。而製作的視訊影片總是體積龐大，不容易在社群媒體上廣泛流傳，這裡也教授大家如何有效壓縮影片，讓影片瘦身有術！

　　除此之外，本書對於微電影在社群上的行銷也多所著墨，期望各位都能善用行銷術來為你的理念或商品打造集客風潮。

目錄

Contents

01 進入威力導演的異想世界

02 影音素材的取得與管理

03　剪輯特效一次搞定

04 素材剪輯私房攻略

05 快速搞定轉場與特效處理

06 實戰專業級音訊剪輯

07 創作文字特效的關鍵密技

08 覆疊合成的繪製美學

09 不藏私的設計工具創意實務

10 引爆指尖下的行動影音剪輯術

11 創造微電影的心動行銷

12 微電影實作高手之路

13 觸動人心的影音社群行銷

A AI 繪圖與影音科技加持的微電影行銷

進入威力導演
的異想世界

隨著 YouTube 影音社群網站效應發揮，許多人利用零碎時間上網看影片，影音分享服務早已躍升為網友們最喜愛的熱門應用之一。在影音平台內容推陳出新下，更創新出許多新興的服務模式，特別是在現代的日常生活中，人們的視線已經逐漸從電視螢幕轉移到智慧型手機上，現在堂堂進入了行動數位影音時代。企業為了滿足網友追求最新的閱聽需求，透過專業影片拍攝與品牌微電影的製作，讓影音視覺在第一秒抓住大眾的眼球；伴隨著這一趨勢，影片所營造的臨場感及真實性確實更勝於文字與圖片；靜態廣告轉化為動態的微電影行銷就成為勢不可擋的時代趨勢。例如：羅志祥和楊丞琳攜手合作，遠赴澳洲拍攝的微電影「再一次心跳」，一個月內就以破億點擊率刷新華人微電影紀錄。完整全劇版 網址：https://www.youtube.com/watch?v=qSD4Q3Eon3Q

1-1　微電影的逆天行銷

在一個講求效率的行動時代，誰有興趣在手機上去看數十分鐘甚至一小時以上的影片，影片必須要在幾秒內就能吸睛，只要影片夠吸引人，就可能在短時間內衝出高點閱率，因此蘊育出一種近幾年很流行的行銷方式，那就是「微電影」廣告。「微電影」（Micro Film）是指在一個較短時間且較低預算內，把故事情節或角色／場景，以新媒體傳達其意念或品牌，適合在短暫的休閒時刻或移動的情況下觀賞，尤其是近幾年智慧型手機與平板電腦的普及，微電影具備病毒式傳播的特性，更強化了微電影行銷的蓬勃發展。

讓人 10 秒鐘落淚的感人微電影 - 愛的微笑，
網址：https://www.youtube.com/watch?v=TXen5XnW138

在這個所有人都缺乏耐心的時代，影片必須在幾秒內吸人眼球，微電影不僅可以是一部小而美的電影，更可以融入企業與產品宣傳，網友總愛說：「有圖有真相。」只要影片夠吸引人，就可能在短時間內衝出高點閱率，進而造成轟動或是新聞話題。很多企業也紛紛趕搭微電影行銷的列車，期望在網路與行動傳播媒體之中，提升自家產品或品牌的知名度。

現在講行銷，不打出情感牌，大家都笑你不懂行銷，越來越多的品牌熱衷於「帶感情講故事」，特別是當把影片以述說一個故事的手法來呈現時，相較於一般的企業宣傳片，微電影的劇情內容更容易讓人接受，能大幅提升自家產品或品牌的知名度，這時影片不再是產品用來說故事的機器，而是消費者參與其中自行創作故事的工具，消費者參與使產品訊息更為真實可信，很自然地在消費者的心中淡化企業品牌或產品的商業色彩。

如下所示的微電影是大和機構 - 何溪明優秀清寒獎助學金，主要訴求是為了激勵一路上堅持著的弱勢學子，藉由教育與努力不懈的精神翻轉人生，並喚醒社會更多的善念讓愛傳出去！這也是微電影行銷小兵立大功的最好實例。影片網址：https://www.youtube.com/watch?v=k4GZ2W56mNE

2020 公益微電影《最美麗的風景》真實故事改編

基本上，微電影行銷成功秘訣包括兩點，宣傳平台與內容製作。微電影不需要高額製作傳播費用，由於微電影具有病毒式傳播的效益，一般多選擇在免費的網路平台播出，各位如果想要利用微電影來達到訴求目的與宣傳效果，那麼內容規劃與傳達對象就得清楚，好讓觀看者可以運用零碎的時間來觀看。另外焦點的引導與整體氛圍的安排也必須投入更多的心力，這樣才可能在眾多的影片當中脫穎而出。

相較於一般的企業宣傳片，微電影的內容更容易讓閱聽者接受，目前微電影內容與觀眾溝通的方式不外乎二種：一種是以情感故事作為訴求，透過一系列的劇情來打動觀賞者的認同感，串聯起品牌行銷的故事，進而能與觀眾產生共鳴的內容更具傳播力。

本質上微電影就是一部另類呈現的廣告，娛樂仍是吸引觀眾的主要型式，我們知道一份影音廣告行銷要能夠吸引人，除了視覺表現之外，越是搞笑、趣味或感動人的情節，就越容易吸引網友轉寄或分享，創造話題性及新聞價值，才能加深網友的黏著度，最好能夠說一個精彩故事，靠的正是故事性與網友的情感共鳴。

另外一種方式是透過主題式的情節來完整闡述所要表現的目的和想法，透過置入性的行銷來達到推廣商品或服務的目的，讓原本的廣告模式既可以說出想說的話題，又能夠達到產品的呈現。

製作微電影時，為了方便觀眾可以支配零碎的時間，每個影片的長度不可過長，因為影片過長，在瀏覽與傳播的效果上會受影響，且會增加拍攝的成本。當然最後的重頭戲就是利用本書介紹的威力導演視訊剪輯軟體來串接與編輯就能大功告成。

1-2 威力導演學習之旅初體驗

對於首次學習微電影編輯的新手來說，除了要學會各種媒體素材的使用技巧外，經常還會遇到許多惱人的問題而不知所措，像是：如何將裝置與電腦連接以便取得相片／影片，或是再次編修專案時卻找不到原先的素材，要如何將遺失的素材連結至專案等問題。因此如何讓新手了解專案與威力導演的操作介面，同時了解威力導演的特點，以便生手對威力導演有初步的體驗。對於一位完全陌生的微電影製作新手而言，威力導演確實是一個可以讓普羅大眾輕鬆上手的影片編輯軟體，而且可以快速創作出專業水準的視訊影片，這是因為威力導演擁有以下的特點：

1-2-1 介面簡潔輕鬆易上手

威力導演為了讓一般大眾也能輕鬆編輯視訊，在介面的設計上非常簡潔，而且提供各種的快速範本，只要動動滑鼠拖曳素材至時間軸中，就可以輕鬆打造有質感的影片。

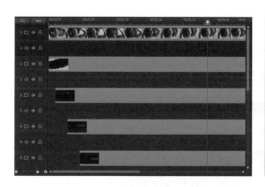

1-2-2 設計工具總匯

威力導演的編輯工具非常強大，能依據個人需求客製各種的特效或動畫效果，讓視訊影片顯示多層次的視覺效果與個人特色。像是「片頭設計師」可以讓設計者到創作者社群中去尋找吸睛的片頭設計範本、「創意主題設計師」能快速將個人素材與範本結合成幻燈片秀、「子母畫面設計師」可覆疊各種的外框／動／靜態物件、「視覺拼貼設計師」可以快速拼貼素材、「遮罩設計師」能將影片覆疊在圖文之中，呈現多層次影像、「繪圖設計師」提供一系列筆刷能製作手繪動畫等。

除了上述的各種設計師工具外，還有動態攝影工房、炫粒工房、幻燈片秀編輯器、混合模式、平移和縮放等設計工具的輔助，即使沒有太多設計天份的剪輯者，也能快速套用修改，輕易製作出具有專業等級的影像短片。

豐富且多樣的設計工具

1-2-3　火力全開的免費支援

DirectorZone 是 CyberLink 提供給會員的一個服務，網站上除了提供教學影片、線上講座、作品藝廊、社群等支援外、幾千種範本可供會員無限下載。使用者只要登入會員資料，就能依照個人的需要學習軟體的使用技巧，也可以從其他創作者的作品中獲得設計靈感。在範本方面，包含了子母畫面物件、炫粒、文字範本、視訊拼貼、轉場特效、DVD 選單等類別，會員可直接預覽樣本，再決定是否下載。

初學者可由「教學影片」來學習軟體的使用技巧

可依類別選擇需要的範本

除了從 DirectorZone 下載免費的素材外，訂閱的用戶也可以輕鬆從軟體的「工房」去瀏覽與下載免費的範本和素材。

1-2-4　彈性訂閱時時更新

威力導演提供彈性且便利的訂閱式影片剪輯方案，用戶可以依照個人需求選擇訂閱的時間，訂閱期間能隨時取得最新的威力導演版本和功能，而且可以定期追加訊連科技所提供的各種主題特效、範本或配樂音效。訂閱型用戶與永久授權所提供的服務有所不同，購買前可以比較一下它們的差異性，再選擇最適合你的使用方案。

以威力導演 365 為例，用戶除了能使用強大的編輯平台和獨家功能外，更能享有每月定期新增的擴充套件、豐富素材、以及無限制使用的媒體素材庫，讓你輕鬆實現精彩的影片創作。

1-2-5　近乎完美的工作流程

　　威力導演除了提供 TrueTheater 色彩強化技術，不但能聰明地分析影片片段，最佳化影像的飽和度與鮮豔度，讓畫面顯現最真實的色彩感，更擁有最新最快速的編碼引擎，加快處理影片速度，也能支援運動攝影機所拍攝的慢動作片段，讓高影格率影片製作快速完成。簡易的工具，卻有強大的效果，像是遮罩設計師、文字設計師、子母畫面設計師等，讓使用者輕鬆創造獨特的視覺效果。

　　另外，威力導演支援 360 度影片創作、支援多機剪輯、動態追蹤、視訊拼貼畫面，讓影音創作無極限，而且提供雲端儲存空間的服務，用戶能妥善備份創作專案和使用影音素材，完善的考慮讓用戶在工作流程上更順暢。

1-3　立即下載威力導演 21

　　想要使用視訊剪輯軟體來剪輯影片，首先就得有軟體工具才行。訊連科技允許使用者免費試用威力導演，試用版除了限制範本與特效套件的使用數量外，還會在輸出時顯示試用版的浮水印，其餘功能則與正式版相同，因此試用期間各位可以盡情地嘗試它所提供的功能，滿意再去購買正版軟體。

　　在威力導演的各版本中，以威力導演 365 最為划算，因為年繳方案每個月只需165 元而已，但是可以隨時隨地下載並安裝最新的版本，能搶先獲得威力導演獨

有的影音剪輯功能，還能無限制的使用所有音樂、音效、創意設計包，且訂閱用戶能優先獲得問題或技術方面的服務喔。

　　請自行到訊連的官方網站去下載威力導演 21 的試用版本。網址：https://tw.cyberlink.com/products/index_zh_TW.html

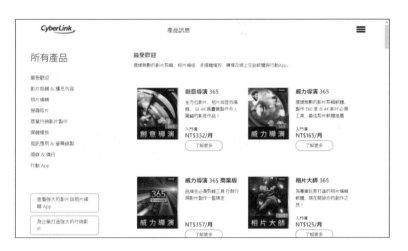

　　選用訂閱方案，訂閱後會提供一個 Application Manager 的應用程式，讓訂閱者可以隨時取得最新版本和功能，且能定期追加主題特效、專案範本、AI 藝術風格包、配樂音效的下載，另外還可以使用螢幕錄製「Screen Recorder 4」的程式。

採用訂閱方案所提供的 Application Manager，
可以進行各種擴充功能的下載與安裝

1-4 威力導演歡迎視窗

威力導演擁有那麼多令人驚豔的特點，相信各位也迫不及待地想要深入探討與研究。當你將威力導演 21 安裝完成後，在桌面上就會看到「訊連科技威力導演 365」的圖示鈕，按滑鼠兩下於 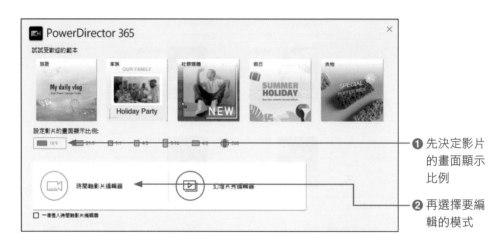 鈕即可看到威力導演的歡迎視窗。

❶ 先決定影片的畫面顯示比例

❷ 再選擇要編輯的模式

＼ 選擇影片的畫面顯示比例 ／

在歡迎視窗中，首先決定視訊影片的顯示比例，目前提供的顯示比例有 16:9、21:9、1:1、4:5、9:16、4:3、360 等多種比例，由於智慧型手機的盛行，越來越多玩家會拍攝直式影片，讓使用者也能在 Instagram、Facebook、Vimeo 等社群網站上，盡情享受無黑邊滿版的影音視訊或廣告所需的正方形影片。

＼ 選擇編輯模式 ／

威力導演提供兩種的編輯模式，讓初學者可以快速製作影片，也可以讓專業的影片老手進行多層次的影片剪輯。「幻燈片秀編輯器」適合快速製作影片，用戶只要依照來源、樣式與音樂、預覽、輸出檔案等四個步驟，就可以快速將個人的相片轉換成動態的幻燈片秀，如果你從未編輯過視訊，那麼可以選用此編輯器來製作影片；而「時間軸影片編輯器」則提供威力導演完整的功能來創作影片，請點選「時間軸影片編輯器」進入威力導演的操作環境。

1-5 時間軸影片編輯器

「時間軸編輯器」可以看到威力導演的完整功能,這裡先介紹它的操作介面讓各位熟悉,屆時書中介紹某項功能技巧時就可以快速找到工具。

功能表列

預覽視窗

媒體資料庫

時間軸編輯器

時間軸編輯器是編輯影片的地方,左側的媒體資料庫提供各種的媒體素材或特效,只要拖曳到下方的時間軸,就能夠串接影片或加入特效。右側的預覽視窗用來預覽影片效果,快速掌握影片編輯成果。

1-5-1 功能表列

功能表提供「檔案」、「編輯」、「外掛程式」、「檢視」、「播放」五大類功能,下拉清單中可點取所要執行的功能指令。其右側還包括四個工具鈕,由左而右依序為「儲存專案」、「復原」、「取消復原」、「輸出檔案」。

按下「輸出檔案」鈕將可進行視訊檔案的輸出或光碟製作,不管是標準 2D 影片格式、3D 影片格式、各類型的行動裝置,或是想上傳到網路上的社群網站,威力導演都可以辦得到。至於光碟部分,可將完成的視訊作品製作成 2D 光碟或3D 光碟,也可以為光碟加入選單功能。

1-5-2 媒體資料庫

媒體資料庫主要由十一種工房所組成，每種工房擁有不同的素材，皆透過縮圖來顯現。素材的分類管理與檢視是透過檔案總管，可利用 來顯示或隱藏。

各種類別的工房按鈕

素材區以縮圖顯示素材內容

按此鈕顯示／隱藏檔案總管檢視

按此鈕顯示進階的工房

每種工房所提供的資料與功能皆不同，此處簡要說明：

▶ **媒體工房**：用來匯入視訊、音訊、圖片等媒體，也可加入色板或背景音樂。

▶ **投影片工房**：顯示個人檔案以及訊連科技網路上的各種範本。

▶ **文字工房**：提供各種的文字編排效果，可為視訊加入標題或片尾文字，也可應用在教學、社群媒體、新聞、電視劇或 YouTube 上。

▶ **轉場特效工房**：設定場景與場景之間的轉換效果。

▶ **特效工房**：提供樣式特效、混合特效、色彩風格檔、色彩查找表、第三方外掛模組等各類型的特殊效果。

▶ **覆疊工房**：主要用作素材的覆疊，讓視訊做出多重層次的效果。

▶ **炫粒工房**：能加入像雨滴、楓葉、煙火、雪花、光點、螢火蟲等炫粒特效，並做特效的變更修改。

▶ **音訊混音工房**：針對配音、配樂或音訊的聲音大小作調整。

▶ **即時配音錄製工房**：用作旁白聲音的錄製。

▶ **章節工房**：可為視訊加入章節作區隔，方便觀賞者利用選單作切換。

▶ **字幕工房**：在視訊中加入文字說明，像是歌曲的歌詞、演講者的講稿，讓聽障者也能了解視訊內容。

1-5-3　時間軸

對於影片內容的編輯，主要是在時間軸做順序的排列。要修剪素材、覆疊素材、加入特效、或做細部的語音編輯，都必須透過時間軸來編輯完成。它會以橫向的軌道顯示視訊素材或音訊素材。

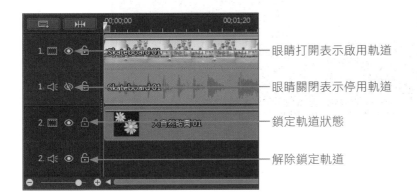

眼睛打開表示啟用軌道
眼睛關閉表示停用軌道
鎖定軌道狀態
解除鎖定軌道

預設的軌道都是啟用狀態，但是在編輯過程中，如果不想動到某些軌道的內容，可以按下 🔓 鈕使變成 🔒，如此一來該軌道的素材就無法被編輯。另外，軌道上的 👁 鈕表示軌道啟用中，按一下會變成 👁 表示停用狀態。軌道要是在停用狀態，該軌道上的素材將被隱藏起來，播放時或輸出時就不會顯示出來。

如果有使用到「章節工房」和「字幕工房」的功能，會在視訊 1 上方加入章節與字幕的軌道。如圖示：

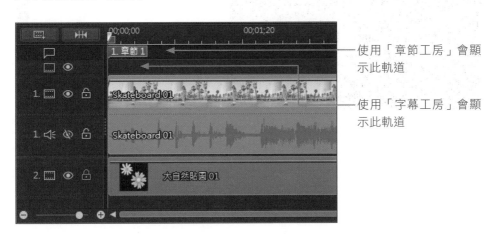

使用「章節工房」會顯示此軌道
使用「字幕工房」會顯示此軌道

時間軸因為素材內容不斷的加入與覆疊，使得時間軸無法一次顯示所有剪輯軌的內容時，此時可以透過以下的方式來調整：

在尺標附近按下滑鼠左右拖曳，可以調整時間軸的顯示比例

滑鼠移到時間軸頂端，上下拖曳可增加時間軸高度

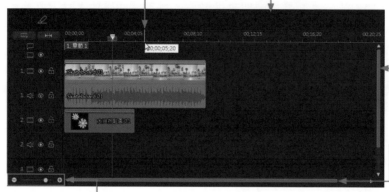

移動此滑鈕，可做上下剪輯軌的瀏覽

移動此滑鈕，可做顯示區域的調整

由此放大／縮小顯示區

1-5-4　預覽視窗

預覽視窗用來預覽工房中的各項素材，不管是視訊、圖片、音訊、文字、轉場、特效，只要點選工房中的縮圖，即可從預覽視窗看到素材效果。

❶ 點選工房類別

❷ 再點選想要瀏覽的縮圖　　❸ 直接顯示素材效果

素材如果加入時間軸，以滑鼠點選素材片段，再按下預覽視窗中的「播放」
▷ 鈕，就會從選定的素材開始進行預覽。

❶ 以滑鼠點選時間軸上的素材片段，　　　❷ 按下「播放」鈕會從
　 播放磁頭會顯示在素材開始的位置　　　　 選定處開始進行預覽

下面針對預覽視窗上的導覽列按鈕做簡要說明。

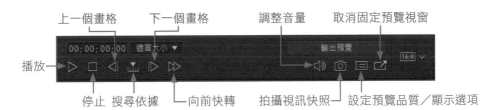

1-6 腳本模式

威力導演除了各位現在所看到的「時間軸模式」外，還有一種「腳本模式」。
腳本模式適合粗剪影片或是剪輯不需要太多效果的影片，各位可以利用「腳本模
式」先快速串接素材，再切換至「時間軸模式」利用各種工房來創作影片。

請按「Tab」鍵，或是執行「檢視」功能表，就可以進行切換兩種模式的切換。

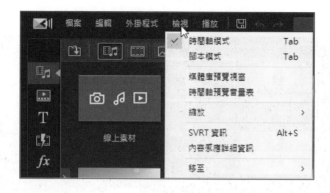

「腳本模式」是以素材的縮圖顯示，縮圖下方的數值顯示每張素材播放的時間，移動滑鼠到縮圖上，可看到素材的檔案名稱，如下圖所示。

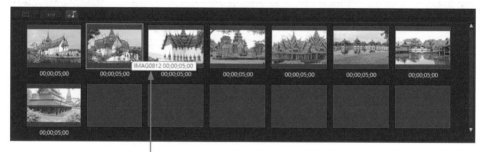

滑鼠移入縮圖，標籤內會顯示素材檔名與時間長度

進行編輯時，只要將素材由媒體工房拖曳到黑色的方塊中，就可以進行串接，如要調整素材的先後順序，只要以滑鼠拖曳縮圖到想要放置的位置上即可。

1-7 專案的特色與功能

在啟動威力導演時，程式會自動新增一個未命名的專案，方便使用者編輯新的視訊內容。對於初學者而言，由於對專案檔並不熟悉，往往再次編輯專案時，卻碰到找不到素材或看不到專案內容而不知所措，因此這裡先為各位解說一下。

1-7-1 重新連結遺失的素材

威力導演把每個新編輯的檔案通稱為「專案」，它的特有格式是「*.pds」，意思是「威力導演劇本」。通常專案檔的檔案量都很小，因為它僅儲存編輯的記錄，而沒有儲存素材內容，所以初學者在編輯專案時最好養成習慣，先將相關的影音、相片等素材與專案檔放在同一個資料夾中，再進行匯入媒體與編輯專案，儲存備份時也不可以只儲存專案檔，一定要將所有用到的素材存放在一起，否則當素材被搬動位置或被移除，下次再開啟專案檔時就會找不到素材。萬一威力導演找不到原始素材的路徑，就會顯示如下圖的警告視窗：

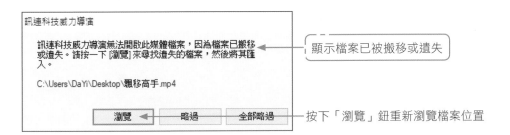

看到此視窗時請直接按下 瀏覽 鈕，依序在開啟的視窗中找到所列出的素材，專案檔就會重新連結並檢查所有的檔案。如果專案檔找不到原先連結的素材，就會顯示如下的黑色縮圖，那麼播放影片時該區段就會顯示黑色。

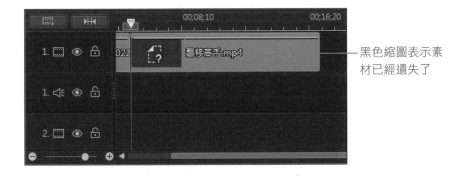

黑色縮圖表示素材已經遺失了

1-7-2 輸出專案資料

為了避免如上述所提及的找不到素材的窘境，特別是專案中有使用到下載的特效或音檔，以及威力導演所擷取下來的視訊快照。所以當專案製作完成後，建議各位執行「檔案／輸出專案資料」指令，此指令會將專案中所有用到的素材與特效一併打包，方便個人管理與備份專案素材。

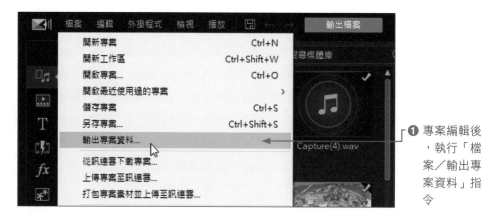

❶ 專案編輯後，執行「檔案／輸出專案資料」指令

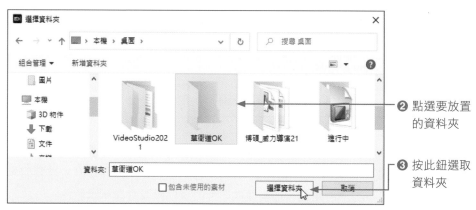

❷ 點選要放置的資料夾

❸ 按此鈕選取資料夾

專案資料輸出後開啟該資料夾，即可看到專案檔與所有使用到圖片、音檔、特效等素材。

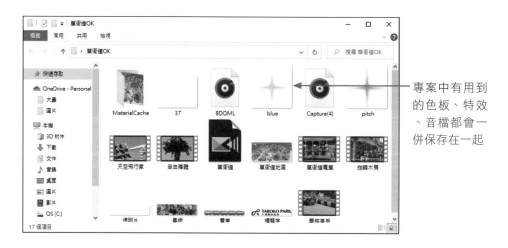

專案中有用到的色板、特效、音檔都會一併保存在一起

1-7-3　開新專案與開新工作區

通常在開啟威力導演程式時，它會預先開啟一個空白的專案，各位可以先執行「檔案／儲存專案」指令來為專案命名，方便之後進行編輯時，可隨時按 Ctrl+S 鍵儲存專案。

如果想要重新製作一個全新的專案，執行「檔案／開新專案」指令，它會將先前匯入的素材及時間軸一併清空，只剩下威力導演所提供的範例素材。而使用「檔案／開新工作區」指令，程式會保留前一次的媒體資料庫素材，只清空時間軸，方便使用者直接選用上次已匯入的素材。

開啟全新的空白專案
選此項可以保留先前已匯入的素材

1-7-4　開啟已存在的專案

要開啟舊有的威力導演檔案繼續編輯，執行「檔案／開啟專案」指令就可辦到，不過軟體會詢問各位，是否要將專案的媒體庫檔案與目前所含的媒體檔案合併，這裡則建議各位選擇「否」的選項，這樣新舊素材區的檔案才不會混雜在一起。

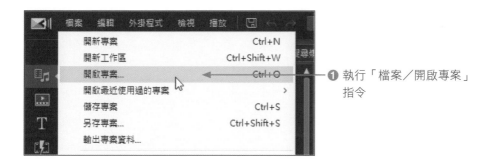

❶ 執行「檔案／開啟專案」指令

② 點選專案檔
縮圖

③ 按「開啟」
鈕開啟舊有
檔案

④ 建議選擇「否」鈕

按下「否」鈕後,媒體工房中只會顯示這個專案中所用到的素材囉!

影音素材的
取得與管理

在前面的章節中，各位已經對於威力導演有了初步的了解，也大致熟悉它的操作介面，接下來這個章節則是要介紹影音素材的取得與管理技巧，讓各位可以輕鬆將自己所拍攝的影音素材，或是網路上獲取的素材，順利匯入到威力導演軟體中進行編輯。

2-1 由智慧型手機／數位攝錄影機取得素材

首先向各位介紹，如何將 iPhone 手機、Android 手機、數位相機／攝錄影機等外接裝置與電腦的連接。

由於這些數位裝置都具有照相與攝錄功能，也支援 Full HD 高畫質影片，再加上具備輕巧方便及價格上的優勢，尤其是智慧型手機，隨時帶在身上，拍完馬上看到效果，拍的不理想也可刪除再重拍，分享至社群網站也相當方便。這些裝置在購買時通常都會附上一條 USB 傳輸線，只要將這傳輸線連接到桌上型電腦或筆記型電腦的 USB 插孔，就可以完成連接的工作。

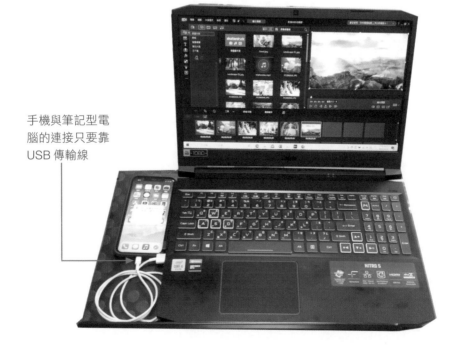

手機與筆記型電腦的連接只要靠 USB 傳輸線

當智慧型手機連接電腦時，手機會詢問是否允許存取此裝置上的資料，只要選擇「允許」，就會將手機當作是一顆外接式硬碟裝置。接下來利用 Windows 作業系統中的檔案總管，切換到手機存放相片或影片的資料夾，再利用滑鼠拖曳的功能，即可將素材複製到電腦桌面上。

拍攝的相片／影片，通常放置在「DCIM」資料夾中

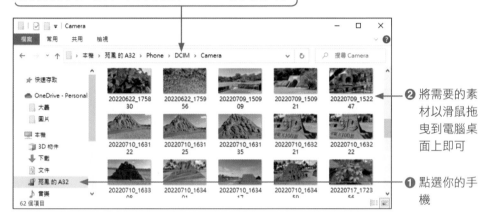

❷ 將需要的素材以滑鼠拖曳到電腦桌面上即可

❶ 點選你的手機

同樣地，數位相機或數位攝錄影機也都可以利用 USB 傳輸線，直接將拍攝的素材檔，利用複製、貼上的功能傳送到電腦上。

2-2 從網路攝影機擷取視訊

網路攝影機（WebCam）是一種輸入裝置，可以即時補捉影像或視訊到電腦或網路上。網路攝影機基本上是透過鏡頭採集圖像，由網路攝影機內的感光元件電路及控制元件，對圖像進行處理，並轉換成電腦所能識別的數位訊號，然後藉由 USB 連接輸入到電腦，再由軟體進行圖像的還原。很多筆記型電腦上都有內建網路攝影機的裝置，而桌上型電腦也可以利用 USB 連接線，將外接式網路攝影機和電腦進行連接。

在威力導演中執行「檔案／擷取」指令，會切換到「擷取」的視窗畫面，只要威力導演有偵測到網路攝影機的裝置，就可以直接透過網路攝影機擷取視訊。底下示範的就是以網路攝影機進行視訊的擷取與匯入。

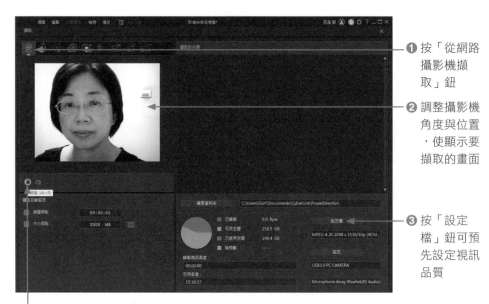

❶ 按「從網路攝影機擷取」鈕

❷ 調整攝影機角度與位置，使顯示要擷取的畫面

❸ 按「設定檔」鈕可預先設定視訊品質

❹ 按紅色「錄製」鈕開始錄製畫面，當錄製完成時也按此紅鈕

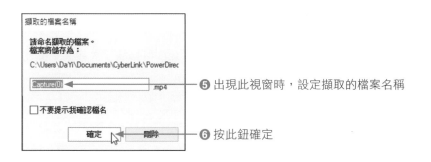

❺ 出現此視窗時，設定擷取的檔案名稱

❻ 按此鈕確定

❽ 完成時按此鈕離開擷取視窗

❼ 擷取的視訊先放置在此欄位中

當你回到完整模式時，擷取的視訊影片已顯示在媒體資料庫中。

對於開始與停止錄製沒有問題後，在擷取前還可以針對需求進行視訊品質、視訊解析度、時間或檔案大小作調整，以下做簡要說明。

設定檔案存放的位置

除了調整裝置的解析度與音量外，還可調整視訊的亮度、對比、色調、飽和度

此鈕提供 MPEG-2 視訊、AVI、H.264 三種格式，並可設定品質的高低

使用 Screen Recorder 錄製電腦教學影片

近年來因為網路寬頻的發展，再加上這兩年 COVID-19 疫情肆虐，遠距教學成為常態，許多老師都必須事先錄製線上課程，因而也帶動網路視訊的風潮。特別

是從事電腦教學的老師，為了讓學生能夠了解繁複的電腦操作過程，或是做為課程的複習，都可以利用螢幕錄製程式來錄製教學內容。

訂閱威力導演 365 同時也提供 Screen Recorder 程式給各位，只要在 Application Manager 有安裝「威力導演 365-Screen Recorder」，就可以在桌面上看到「訊連科技 Screen Recorder 4」的圖示。

2-3-1　Screen Recorder 操作介面

各位啟動 Screen Recorder 軟體後，可看到「錄影模式」和「直播模式」兩個標籤頁，錄影模式可做全螢幕或遊戲畫面的錄製，而直播模式可針對 Facebook、YouTube、twitch 等平台進行直播。

2-3-2 螢幕錄製技巧

這裡我們主要以「全螢幕」的錄製技巧做說明。在錄製時，可以順道將講者的畫面加入到影片當中。錄製教學影片時，為了讓觀看者可以清楚看到畫面內容與功能指令，建議在錄製前先「調降」一下電腦上的顯示器解析度。

例如：原先螢幕設定的顯示器解析度為 1600 x 900，調降為 1280 x 720 後，這樣錄製畫面中的文字會讓觀看影片者看得比較清楚些。各位可以按右鍵於電腦桌面，選擇「顯示設定」指令，即可從「顯示器解析度」調整螢幕顯示比例。

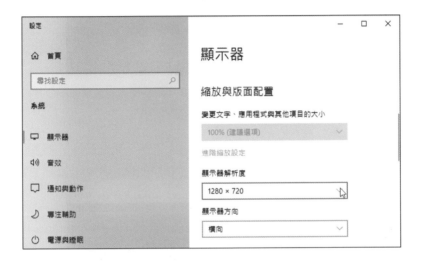

∖啟用麥克風功能∕

在預設狀態下，麥克風並未被開啟，按點一下 🎤 鈕，使左下角顯示藍色勾勾，就表示啟用，可下拉選擇要使用的麥克風及音訊偏好設定。

＼啟用網路攝影機／

當你希望將錄製者的影像同時顯示在影片中，那麼可以按點 ⬚ 鈕啟用網路攝影機功能，你可以從中決定錄製者顯示的尺寸，而點選「網路攝影機設定」指令，將可進入「偏好設定」視窗做進一步設定。

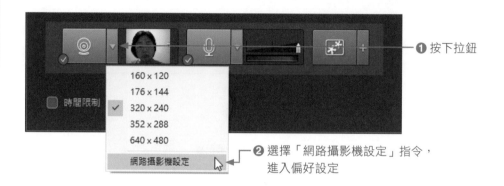

➊ 按下拉鈕

➋ 選擇「網路攝影機設定」指令，
進入偏好設定

在預設狀態下，講者的畫面是顯示在影片的右下角，如果你希望改變講者放置的位置，或是調整講者畫面的比例，可透過以下方式進行調整。

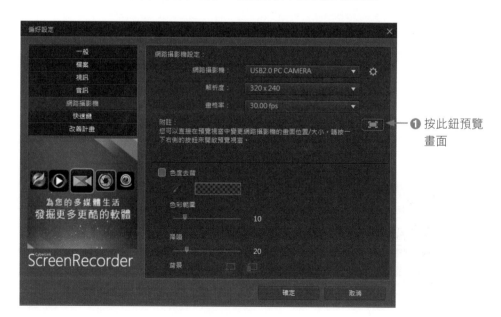

➊ 按此鈕預覽畫面

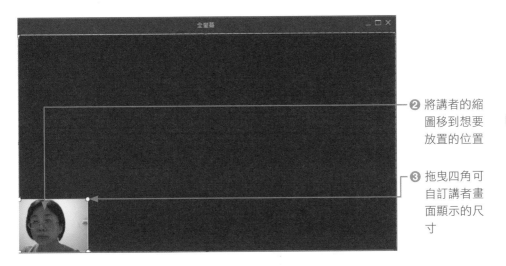

❷ 將講者的縮
圖移到想要
放置的位置

❸ 拖曳四角可
自訂講者畫
面顯示的尺
寸

＼開始螢幕錄製 ／

確認好網路攝影機和麥克風的功能後，接著選擇「全螢幕」鈕，設定你要的螢
幕解析度，選擇「1080p」是錄製寬 1920，高 1080 的畫面，而「720p」是錄
製寬 1280，高 720 的畫面，螢幕解析度設的越高，檔案量就會更大。如果要讓
滑鼠按點處能清楚顯示於影片中，可按「是」鈕加入。

❶ 點選「全螢
幕」

❷ 設定解析度

❸ 點選「是」，使加入滑鼠按點的效果

接下來切換到你想要錄製的視窗畫面，再利用以下的快速鍵來進行錄製。

▶ F9：開始／停止

▶ F10：暫停／繼續

- ▶ **F8**：麥克風開啟／關閉
- ▶ **F11**：網路攝影機開啟／關閉
- ▶ **F12**：拍攝螢幕快照

當你按下「F9」鍵開始和結束螢幕錄製後，影片檔會儲存在「C 槽／文件／CyberLink ／ ScreenRecoder ／ 4.0」的資料夾中，各位可在該資料夾中取得錄製好的 MP4 影片檔。

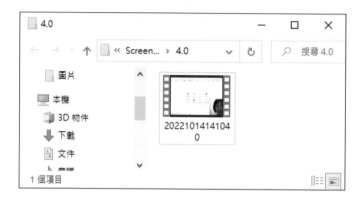

2-4 取得高畫質影片素材

影音素材的來源除了威力導演提供的各項免費資源外，YouTube 也是一個不錯的選擇，YouTube 是全球最大的影片分享平台，裡面有許多的素材是可以免費使用的，像是綠幕（Green Screen）素材，不管是光、煙、火、下雨、爆炸、雪、雲、畫框等，都可以輕鬆下載下來使用。

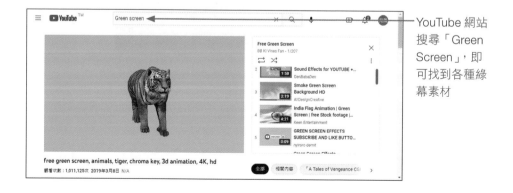

YouTube 網站搜尋「Green Screen」，即可找到各種綠幕素材

2-4-1 下載 4K Video Downloader 下載器

以往要下載 YouTube 影片，很多人都知道只要將 YouTube 網址的「ube」刪除，即可下載影片，不過只能下載較低畫質的影片，高畫質的影片則是 PRO 用戶的權力。

這裡要跟各位介紹的是「4K Video Downloader」，它是免費的影片下載器，已獲得數百萬人的信賴，能允許你每天下載 30 次。它的下載方式很簡單，只要從瀏覽器中複製連結，然後貼到應用程式中按下「貼上連結」鈕就可以搞定。各位只要在 Google 瀏覽器上搜尋「4K Video Downloader」，就可以找到下載的網址。

2-4-2 從 YouTube 下載綠幕素材

安裝好 4K Video Downloader 後,先到 YouTube 網址找到你要使用的素材。其下載步驟如下:

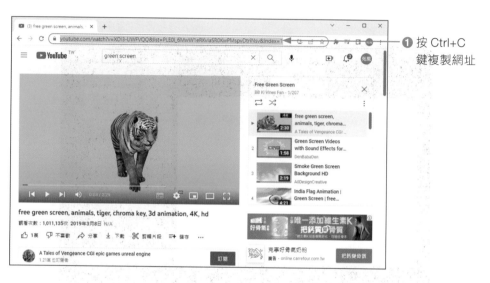

❶ 按 Ctrl+C
鍵複製網址

❷ 開啟 4K Video Downloader
程式,按此鈕貼入網址

❸ 影片若是在播放清單之
中會顯示此視窗,請選
擇「下載影片」鈕

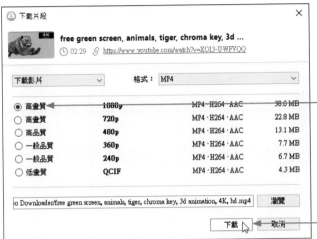

④ 依照個人需求選擇影片的品質

⑤ 按「下載」鈕

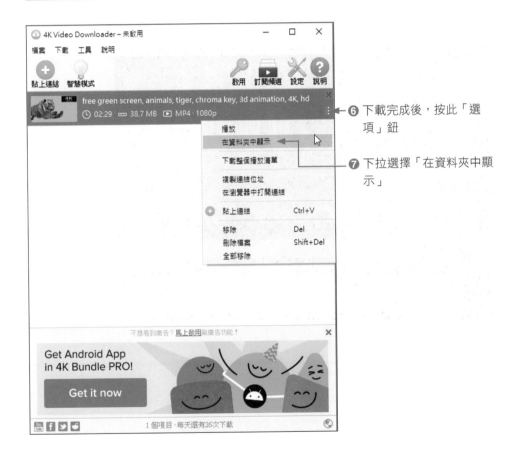

⑥ 下載完成後，按此「選項」鈕

⑦ 下拉選擇「在資料夾中顯示」

❽顯示下載的
影片

　下載的綠幕素材，屆時透過「子母畫面設計師」就可以進行色度的去背，讓素材與你的創意結合在一起。如下圖所示：

綠幕素材與相
片素材的覆疊

2-5　匯入素材

　要編輯視訊影片，首先就是將所要使用的素材匯入到編輯程式 - 威力導演裡。視訊剪輯軟體的專案檔的檔案量通常都很小，因為僅儲存編輯的紀錄，而沒有儲存素材的內容，因此建議初學者在編輯專案時應養成良好的習慣，最好先將相關

的影音素材集中放置在同一個資料夾中，匯入素材時統一由同一個資料夾進行匯入，這樣可以避免因素材位置被挪動後，專案檔找不到素材的窘境。

剛剛各位已經學會如何將拍攝的相片視訊傳輸到電腦，也了解如何錄製電腦教學素材，也能夠到 YouTube 網站下載免費的高畫質素材，接下來就是學習如何匯入這些素材到威力導演中。

2-5-1　匯入影片／圖片或音訊等媒體檔案

將素材傳輸到電腦後，開啟威力導演程式，利用「媒體工房」即可將視訊影片、圖片、或音檔等媒體素材匯入。

❷ 按下「匯入媒體」鈕，使顯示下拉選單

❸ 選擇「匯入媒體檔案」指令

❶ 點選「媒體工房」鈕

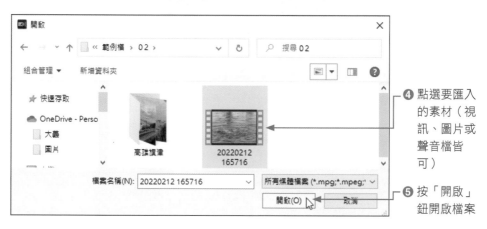

❹ 點選要匯入的素材（視訊、圖片或聲音檔皆可）

❺ 按「開啟」鈕開啟檔案

⑥ 匯入的素材
已顯示在媒
體資料庫中

⑦ 按「播放」
鈕可由預覽
視窗預覽素
材

2-5-2 匯入媒體資料夾

如果預先將可能使用到的素材都放置在一個資料夾中,那麼可以選擇將整個資
料夾直接匯入到威力導演中。

❶ 按下「匯入媒體」鈕,
使顯示選單

❷ 選擇「匯入媒體資料夾」
指令

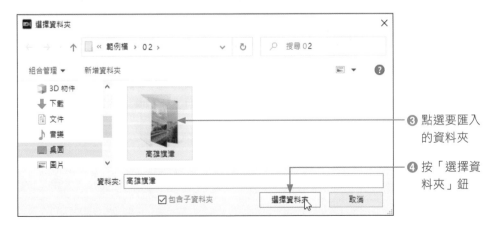

❸ 點選要匯入
的資料夾

❹ 按「選擇資
料夾」鈕

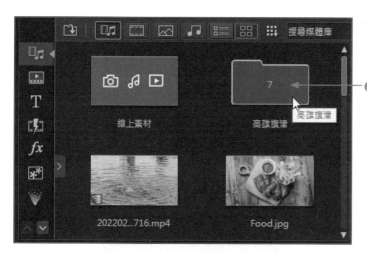

⑤ 資料夾已匯入，顯示裡面有 7 個素材，按滑鼠兩下就可進入該資料夾瀏覽相片

以資料夾方式匯入素材後，各位就可以直接在此資料夾中找尋所需要的素材，而按下 🔼 鈕可回到上一層的媒體工房。

2-5-3　從 DirectorZone 下載音樂片段

在編輯影片時如果需要一些聲音效果來加強影片的效果與氣氛，各位不妨到 DirectorZone 網站上去找找，網站上提供各種的音效片段可供下載，執行「檔案／匯入／從 DirectorZone 下載音效片段」指令，即可進行試聽與下載。

❶ 執行「檔案／匯入／從 DirectorZone 下載音效片段」指令

❷ 未上過 DirectorZone 網站者，第一次必須先登入帳號

❸ 由類別中直接點選「播放」鈕試聽音樂或音效

❹ 按下拉鈕，可選擇直接下載、加入最愛收藏、或查看細節，在此選擇「下載」指令

❺ 下載的檔案會顯示於左下角，請點選檔案

⑥ 出現訊息視窗，顯示音效已順利安裝，按此鈕離開

完成下載後，請將「媒體工房」切換到「已下載」的類別，即可看到剛剛安裝完成的音檔圖示。

❶ 切換到「已下載」

❷ 顯示剛安裝完成的音檔圖示

2-6　素材管理不求人

在編輯一個較大的專案時，通常需要匯入的素材數量會相當的多，為了方便各位管理專案素材，不妨透過「檔案總管」功能來分類各種的素材檔案。

2-6-1　加入新標籤

威力導演允許使用者在媒體資料庫中新增標籤，以方便將已匯入的素材分類管理。

❶ 點選「媒體 工房」

❸ 按此鈕加入 新標籤

❷ 按此鈕顯示 ／隱藏檔案 總管

❹ 輸入標籤 名稱,按 「Enter」 確定

2-6-2　將素材匯入指定標籤中

剛剛我們已經預設好標籤,接著再執行「匯入媒體資料夾」指令,這樣可以將同一類型的素材一次匯入。

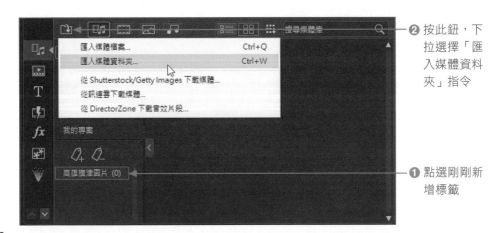

❷ 按此鈕,下 拉選擇「匯 入媒體資料 夾」指令

❶ 點選剛剛新 增標籤

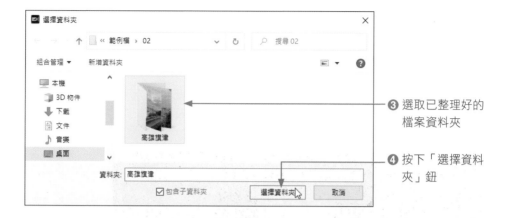

❸ 選取已整理好的檔案資料夾

❹ 按下「選擇資料夾」鈕

❺ 素材自動顯示在該資料夾中

2-6-3 標籤的重新命名與移除

標籤建立後，萬一發現名稱打錯字，只要按右鍵執行「重新命名標籤」指令，再輸入新的標籤名稱即可。若是按右鍵執行「移除標籤」指令，標籤雖被刪除，但是素材仍然保留在媒體庫裡。

❶ 按右鍵於標籤名稱

❷ 執行「移除標籤」指令

❸ 按「是」鈕確定刪除

❹ 標籤已刪除，但是素材仍然保留在媒體庫裡

2-6-4 為素材編輯別名

通常數位相機或手機拍攝的素材都是以一大串的數字顯示，往往日期加上檔名總會超過 10 個字元以上。如果你沒有事先整理過檔名，在編輯時間軸的順序時，相似度高的素材往往不易分辨，如果你學會「編輯別名」的功能，可以大大增加素材的辨識度。

手機拍攝的相片，往往檔案名稱都很長

素材匯入威力導演後，你可以在媒體庫編輯別名，也可以在時間軸上編輯別名。

由媒體庫編輯別名

由媒體庫按右鍵執行「編輯別名」指令，別名會顯示在媒體庫中，素材拖曳到時間軸也會自動顯示別名，方便辨識。

❶ 按右鍵於素材，執行「編輯別名」指令，並輸入素材別名

❷ 編輯別名後，素材拖曳到時間軸中，找尋檔案時較易於找到

＼由時間軸編輯別名 ／

在時間軸眾多的素材中，你可以針對相似度高的，或是需要特別注意的素材編輯別名，要注意的是，時間軸編輯的別名，只在時間軸上顯示別名，媒體庫並不會顯示別名。

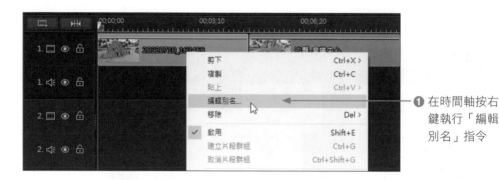

❶ 在時間軸按右鍵執行「編輯別名」指令

❷ 輸入別名

❸ 按下「確定」鈕

媒體庫的素材不會顯示該別名

❹ 瞧！相似度高的素材，可增加辨識度

CHAPTER 03

剪輯特效
一次搞定

這個章節將開始透過「幻燈片秀編輯器」、「Magic Movie 精靈」、「創意主題設計師」等功能，來快速完成視訊影片的串接。利用這些外掛程式，除了可以快速編輯一個完整的影片外，你也可以編輯「影片片段」，再將這些片段影片輸出後，利用覆疊軌的功能做出多層次的影片合成效果，讓影片看起來更豐富而多變。

也就是說，視訊專案的編輯就是一個個的「影片片段」串接而成，影片片段的素材可以是相片、圖片，也可以是你拍攝的影片，當然也可以是你以前已經編輯好且輸出的部分影片片段。所以利用這些外掛程式完成的影片片段，不但可以加快編輯的速度，也是你可運用的媒體素材。所以這個章節的介紹可不要錯過！

已編輯的影片也是可用的影片素材

3-1 幻燈片秀編輯器快剪影片

這個小節我們將透過威力導演的「幻燈片秀編輯器」功能，快速讓相片串接成影片。請在歡迎視窗點選該功能鈕，接著就是跟著精靈的指示進行步驟設定，即可完成影片的製作。

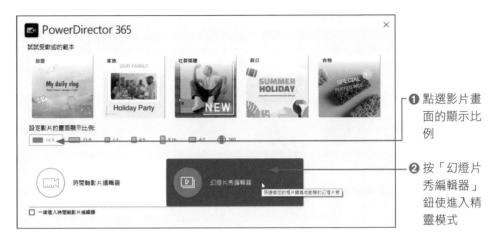

❶ 點選影片畫面的顯示比例

❷ 按「幻燈片秀編輯器」鈕使進入精靈模式

「幻燈片秀編輯器」除了在歡迎視窗上可以直接選用外，如果是在時間軸影片編輯器，可由「外掛程式」功能表下拉選擇「幻燈片秀編輯器」指令。

3-1-1　匯入來源圖片

首先準備將相片素材匯入至編輯器中，各位可以選擇匯入檔案，也可以選擇匯入整個資料夾，這裡以整個資料夾做示範。

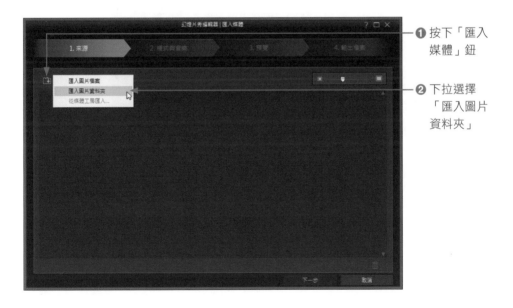

❶ 按下「匯入媒體」鈕

❷ 下拉選擇「匯入圖片資料夾」

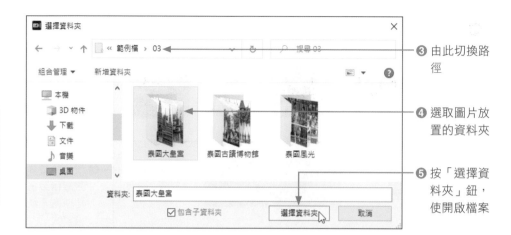

❸ 由此切換路徑

❹ 選取圖片放置的資料夾

❺ 按「選擇資料夾」鈕，使開啟檔案

❻ 圖片皆已匯入

3-1-2　調整圖片順序

圖片匯入後，可使用滑鼠拖曳的方式來調整素材出現的先後順序，如果有不想使用的圖片，也可以點選縮圖後按下 🗑 鈕刪除。

❶ 點選此縮圖
　不放

❷ 將縮圖拖曳
　到最前方

圖片順序改變了

❸ 點選不想使
　用的縮圖

❺ 順序調整完
　成，按「下
　一步」鈕進
　入下一個步
　驟

❹ 按此鈕刪除素材

3-1-3　選取幻燈片秀樣式與音樂

　　進入「樣式與音樂」步驟後，接著就是選擇喜歡的範本樣式與背景音樂。就背景音樂來説，威力導演會自動修剪，讓圖片與音樂播放時保持同步，因此只要加

入喜歡的音樂就行，不用擔心還得修剪聲音。如果你只是製作影片片段，將來要
與其他影片做覆疊處理，則不需加入背景音樂。

❶ 點選想要使
　用的幻燈片
　秀樣式

❷ 按此鈕選取
　背景音樂

❸ 按此鈕選取背景音樂

④ 點選音樂檔

⑤ 按「開啟」
鈕開啟檔案

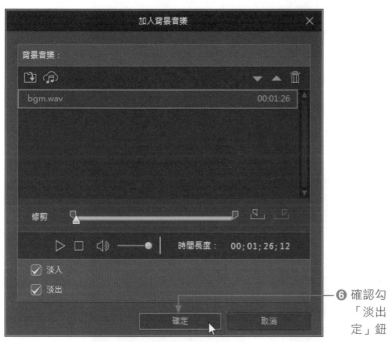

⑥ 確認勾選「淡入」、
「淡出」後,按「確
定」鈕離開

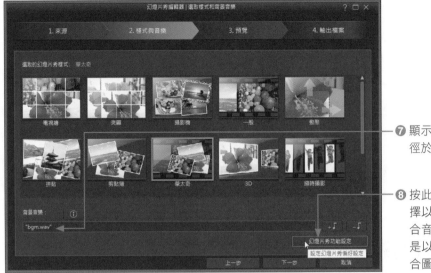

❼ 顯示音檔路徑於此

❽ 按此鈕可選擇以圖片配合音樂，或是以音樂配合圖片

3-1-4　預覽幻燈片秀

確定背景音樂後按 下一步 鈕會進入「預覽」步驟，按「播放」▷ 鈕即可看到威力導演為各位串接的影片成果。

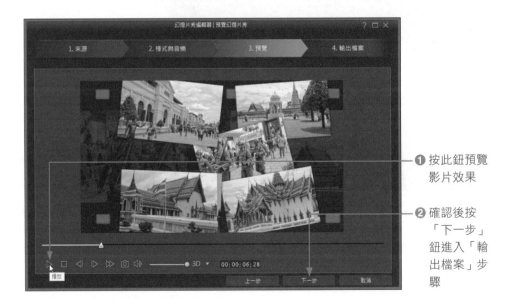

❶ 按此鈕預覽影片效果

❷ 確認後按「下一步」鈕進入「輸出檔案」步驟

3-1-5　輸出檔案

幻燈片串接完成後，接下來就是針對影片進行輸出。威力導演提供如下三種方式。

▶ **輸出影片**：進入完整功能的編輯介面，同時切換到「輸出檔案」步驟，可將完成的作品輸出至檔案、裝置，或上傳到網際網路上。

▶ **製作光碟**：進入完整功能的編輯介面，同時切換到「製作光碟」步驟，可匯入其他的視訊檔，然後燒錄成光碟。

▶ **進階編輯**：進入完整功能的編輯介面，允許用戶利用其他工房再加以編修視訊內容。

❶ 選擇「輸出影片」的選項，使進入輸出步驟

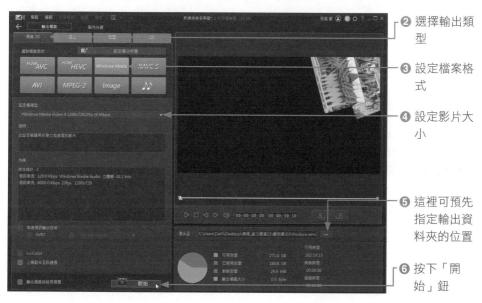

❷ 選擇輸出類型

❸ 設定檔案格式

❹ 設定影片大小

❺ 這裡可預先指定輸出資料夾的位置

❻ 按下「開始」鈕

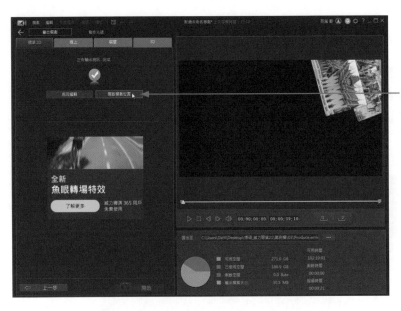

按此連結顯示
檔案放置的資
料夾，即可看
到完成的影片
檔

輸出檔案時如果沒有特別指定輸出的位置，那麼輸出的檔案將會放置在「C：文件 /CyberLink/PowerDirector/21.0」的資料夾中。

3-2 Magic Movie 精靈

MagicMovie 是威力導演的外掛模式，讓使用者快速又有效率的完成影片輸出與光碟製作，透過這項功能也可以直接連結到 DirectorZone 網站去下載範本來套用，讓各位輕輕鬆鬆就能製作出好看又精美的視訊影片。

3-2-1 匯入素材

請先整理好要製作成影片的相片或視訊素材，我們先將素材匯入到威力導演中。

❶ 按「匯入媒體」鈕

❷ 執行「匯入媒體資料夾」指令

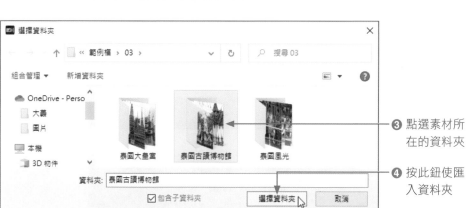

❸ 點選素材所在的資料夾

❹ 按此鈕使匯入資料夾

❺ 進入該資料夾後,選取所有的圖片素材

3-2-2 啟用 MagicMovie 精靈

選取所要使用的素材後，請執行「外掛程式／ MagicMovie 精靈」指令，進入 MagicMovie 精靈後，用戶只要跟著精靈的指示依序設定來源、樣式、預覽、輸出檔案等步驟，即可完成視訊作品。

❶ 素材選取狀態下，執行「外掛程式／ MagicMovie 精靈」指令

❷ 點選「選取的項目」

❸ 按「下一步」鈕

3-2-3 下載／套用樣式

在樣式標籤部分，預設的樣式並不多，不過各位可以到 DirectorZone 去找尋喜歡的範本來套用，下載免費範本的方式如下：

❶ 按此鈕下載
免費範本

❷ 由此先登入
個人帳號

❸ 點選有興趣
的範本

❹ 由此可以預覽影片效果

❺ 喜歡就按「下載」鈕

❻ 下載完成，檔案顯示於此，請點選檔案

❼ 說明範本已安裝完成，可以開始使用

❽ 點選剛剛下載的範本

❾ 按「下一步」鈕會自動套用預設的背景音樂

如果有自己想要使用的背景音樂，可按「設定」鈕進行選取

在此要特別注意的是，按下 ▢▢▢設定▢▢▢ 鈕除了可以自訂背景音樂外，還可調整配樂和視訊之間的混音效果，或是指定所需的影片時間長度。

— 按此加入背景音樂

— 由此指定影片時間長度

3-2-4　片頭／片尾文字與預覽視訊

進入預覽步驟時，Magic Style 會自動分析影片，當影片自動轉換完成時，請直接在欄位中輸入視訊的起始文字和結束文字，按下「播放」▷鈕即可預覽整個視訊影片的效果。

❶ 輸入起始文字

❷ 輸入結束文字

❸ 按「播放」鈕預覽畫面效果

❹ 按「下一步」鈕

輸出檔案一樣是提供如圖三種選擇，相關說明請參閱「3-1-5 輸出檔案」的介紹

3-3　創意主題設計師快剪影片

　　「創意主題設計師」目前提供一種範本可以套用，讓用戶輕鬆為影片或影片片段增添趣味效果。此功能屬於外掛程式，所以在時間軸模式下執行「外掛程式／創意主題設計師」指令才能啟動該功能。

3-3-1　設定主題主題卡

　　進入「創意主題設計師」後勾選主題卡，下方會顯現不同版面配置的「片頭」、「中間」、「片尾」等三種類型，其中的「中間」類型有多種樣式可以挑選。使用時可以單選一種樣式，也可以同時勾選多種樣式，端視使用者的需求。這裡我們全部勾選片頭、中間 1、中間 2、中間 3、中間 4、片尾等六個主題做介紹，讓各位輕鬆組成一個完整的影片。

❶ 勾選主題卡

❷ 勾選片頭、
　中間、片尾
　等所有順序

❸ 按「確定」
　鈕離開

3-3-2 匯入素材與編排影片內容

按下 ▨▨▨ 確定 ▨▨▨ 後接著進入如下視窗，這裡簡要說明一下視窗區塊。

由「媒體」標籤頁按下「匯入媒體」鈕可匯入影片或圖片

這是剛剛加
入的片頭、
中間、片尾
範本

這是範本所
屬的素材排
列順序，依
圖示不同可
選擇加入圖
片或影片

　　請在視窗左側按下 ▨▨ 匯入媒體 ▨▨ 鈕，將可能使用到的影片或相片素材匯入進
來，設定素材排列的先後順序，同時加入背景底圖和片頭／片尾標題。

① 按「匯入媒體」鈕後，切換到視訊或相片放置的資料夾

② 選取要加入的素材縮圖

③ 按「開啟」鈕使之匯入

⑤ 直接拖曳到此欄位中，即可替換素材

④ 點選素材縮圖不放

6 依序切換到
「中間」和
「片尾」的
類型

7 依序放入素
材

8 按此鈕可以
預覽整部影
片

原先設定的主題卡如果不敷使用，可以按下 ▣ 新增更多的主題卡喔！

3-3-3 變更背景音樂

在創意題設計師中雖然都有預設背景音樂，如果該背景音樂與各位的影片主題不相吻合，那麼請由「背景音樂」下拉執行「匯入」指令，即可在「開啟」視窗中選擇所要的音訊檔案，像是 wav、mp3、wma 等格式皆可接受。若是製作片段的影片，那麼也可以下拉選擇「不使用音樂」的選項，方便未來與其他影片結合。

1 點選片頭的
類型

2 按此下拉選
擇「匯入」
指令

③ 點選音檔

④ 按此鈕開啟

3-3-4 加入與編修特效

在加入的影片或圖片素材中也可以加入各種的特效喔，在視窗左側切換到「特效」標籤，點選喜歡的特效縮圖並拖曳至素材縮圖中即可加入特效。

① 點選「特效」標籤

③ 將特效拖曳至素材中，即可加入特效

② 選取特效縮圖不放

一個素材可同時加入多種特效，特效加入後會在素材右下角顯示 fx 圖示，如需編修或刪減特效，請按下該圖示鈕。

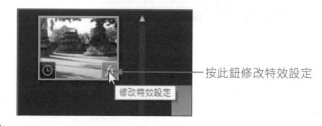

按此鈕修改特效設定

這是素材中所加入的特效種類，如要刪除或調整順序，可由下方按鈕做調整

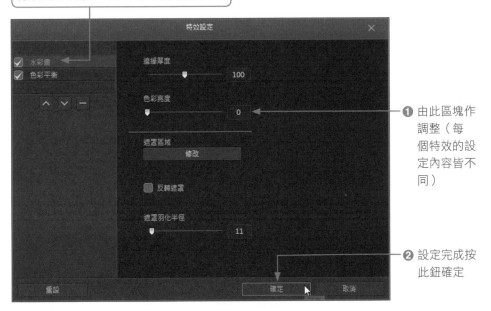

❶ 由此區塊作調整（每個特效的設定內容皆不同）

❷ 設定完成按此鈕確定

當以上的設定都完成後，按下 ▨▨▨▨ 確定 ▨▨▨▨ 鈕離開創意主題設計師，就會將所有素材與影片完成結果顯示在時間軸模式裡。如果發現編輯的內容有疏失，諸如：想要替換素材或特效等，只要在時間軸上按滑鼠兩下，就可以重新回到創意主題設計師中進行編修。

按此素材兩下，即可重新編修影片

以上介紹的三種方式都是快速編輯影片片段的好方法，善用影片片段就能快速素材的豐富度，再輸出成影片檔與其他的專案整合。這樣的好處是，覆疊的影片讓專案內容看起來更豐富且多層次變化，對於較大的專案也能加快編輯的速度。

CHAPTER 04

素材剪輯
私房攻略

之前章節中我們已將威力導演的環境操作以及快速剪輯影片的方式做了說明，相信各位已經漸入佳境。接下來將介紹各種影片剪輯技巧，包括素材插入時間軸、素材剪輯、轉場與特效、音效處理、靜／動態文字效果、覆疊合成、設計工具、以及行動裝置剪輯影片等主題，深入了解各項剪輯功能與使用技巧，也讓自己的創意與構思能夠完整的呈現在觀眾們的面前。

視訊影片的主要素材是各位所拍攝的相片或影片片段，要將個人的創意與想法表現給他人知道，就必須透過時間軸來將各種素材串接起來。拍攝的影片素材並非每段影片畫面都是必要的，如何將影片片段去蕪存菁，如何修補影片色彩的缺失，使保留最佳的畫面效果，便是這一章要介紹的重點。

除此之外，進階的影片剪輯技巧，像是「威力工具」與「關鍵畫格」的設定都會在此章做說明，你也可以等到較熟悉軟體時，再來了解這兩項功能。

4-1 影片素材串接技巧

從本章開始將使用威力導演的「時間軸模式」來介紹素材的剪輯。要修剪影片素材，首先必須將素材插入至時間軸之後才可以進行修剪，因此先來學習如何在時間軸之中串接素材。

4-1-1 設定畫面顯示比例

視訊素材因為拍攝的設備不同，會有不同顯示比例，從早期的 4:3 到 16:9，近期又有 21:9 和 4:5 的比例出現。所以編輯影片時，各位可以依據拍攝素材的比例來選擇適合的影片畫面顯示比例。由於範例檔提供的素材是 4:3 的比例，所以歡迎視窗請記得先設定影片的畫面顯示比例 4:3，再進入「時間軸影片編輯器」。

匯入素材請由「媒體工房」按下「匯入媒體」鈕，下拉選擇「匯入媒體資料夾」指令，再將所提供的視訊素材檔匯入即可。

❶ 按「匯入媒體」鈕

❷ 下拉執行此指令即可匯入素材資料夾

4-1-2 「腳本模式」串接影片順序

素材匯入媒體庫後，先決定素材出現的先後順序。這個階段建議使用「腳本模式」來編輯。按「Tab」鍵或執行「檢視／腳本模式」指令，時間軸就會轉變成方格狀，直接點選素材縮圖不放然後拖曳到方格中，即可決定素材的排列順序。

❶ 點選素材縮圖不放

❷ 直接拖曳到方格中使之加入

已加入的素材會顯示勾選狀態

❸ 以同樣方式拖曳素材縮圖至方格中，即可串接成影片

　　萬一想要變更素材的前後順序，只要在腳本區中點選方格，然後往右或往左拖曳，放開滑鼠後素材順序就跟著變更了。

❶ 點選此素材不放

❷ 往左移到此處放開滑鼠

❸ 素材順序變更完成

　　插入的素材如果要刪除，只要點選素材後按下「Delete」鍵即可刪除。

4-1-3 「時間軸模式」插入素材

　　在「時間軸模式」裡，一樣也可以使用拖曳的方式，將素材縮圖一一拖曳到時間軸上使之插入，請按「Tab」鍵切換到「時間軸模式」，你可以執行「檔案／開新工作區」指令來刪除時間軸中的素材，或是依序以「Delete」鍵刪除剛剛匯入的素材，再進行以下的插入。

❶ 點選素材不放

❷ 拖曳到視訊軌中放開滑鼠（黃色方框為影片片段的長度）

❹ 繼續點選其他素材縮圖不放

❸ 第一段影片已被加入

❺ 拖曳至第一段影片後方然後放開滑鼠，影片也就串接起來

04
素材剪輯私房攻略

除了以拖曳方式將素材加入時間軸外，點選媒體庫的素材後，時間軸上方的編輯工具列也會看到  功能鈕，按下該鈕就能將素材放入選取的軌道和指定的位置中。

❷ 點選素材縮圖

❸ 按此鈕插入素材

❶ 先點選要插入的圖層，再將播放磁頭移到影片後方，表示由此進行插入

被選取的圖層，顏色會較深些

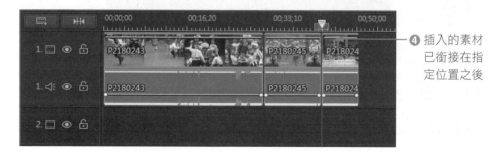

❹ 插入的素材已銜接在指定位置之後

4-1-4 素材取代與交叉淡化

素材插入時間軸時，如果未先以播放磁頭設定素材插入的位置，以至於播放磁頭處已經有了素材，那麼在按下 功能鈕時將會看到如下圖所示的選項。

❷ 選取素材後按下此鈕，將顯示覆寫、插入等選項

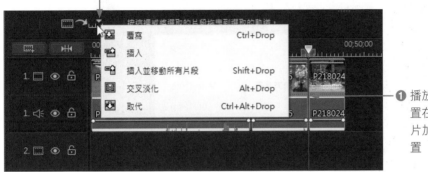

❶ 播放磁頭設置在已有影片加入的位置

選擇「插入並移動所有片段」會在播放磁頭處插入新選取的影片，原影片後方的影片片段則順勢往後移動位置，使影片串接在一起不會產生空隙。至於選擇「取代」指令，則是刪除原先的影片範圍，改插入選取的影片片段，若是原先影片後方還有其他的影片片段，其他的影片段段並不會自動做銜接。如下圖所示：

原影片的長度

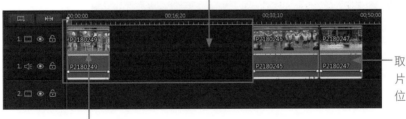

取代後，原影片後方的影片位置不會更動

取代後的影片長度

此外，「交叉淡化」的選項通常使用在每段影片片段的開頭處，它會將選定的素材與時間軸上的素材同時顯現，讓畫面可由加入的素材漸變成時間軸上的素材。設定方式如下：

❷ 點選要做的交叉淡化的素材（相片或視訊皆可）

❸ 按此鈕並選擇「交叉淡化」指令

❶ 點選此圖層，並將播放磁頭放在影片片段的前端

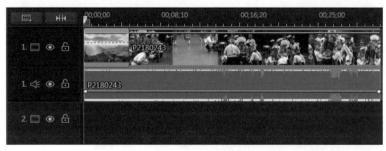

❹ 點選加入的素材，圖示下方會看到如圖的淡化圖示

下方是其顯現的漸變效果，加入的素材會漸漸淡化，進而顯示原時間軸上的素材。

4-2 分割與修剪視訊

　　分割影片與修剪影片是編輯視訊最基礎的技巧，其目的就是將多餘的部分刪除，保留住最美好的片段。除此之外，拍攝的影片若同時包含聲音，不管是想去除視訊中的吵雜聲音，或是想將影片與聲音個別編輯，都可以在此小節中學會。

4-2-1 單一影片分割為二

　　時間軸中的影片片段，如果需要將內容分割為二段，只要把播放磁頭放在要分割的位置，再按下「分割選取的片段」 ✑ 鈕，就可依據所設定的位置來分割影片。

❷ 按此鈕先預覽影片內容，並確定想要分割的位置

❸ 在編輯工具列按此鈕進行分割

❶ 由時間軸點選要分割的影片片段

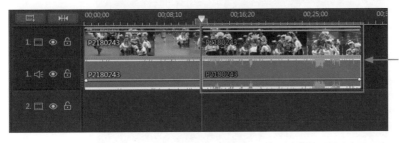

❹ 影片片段已經變成兩段了

　　對於已分割的影片，如果串接時想要將後段影片刪除，可在選取後段影片後按「Delete」鍵即可立即刪除。如果想刪除前段的影片，那麼選取後按「Delete」鍵將會顯示如下視窗，提供各位做進一步的選擇。

① 點選前段的影片

② 按「Delete」鍵後，選擇「移除、填滿空隙和移動所有片段」

時間軸如果已經串接多個素材，那麼選擇「移除、填滿空隙和移動所有片段」指令移除前段影片後，後方的影片片段會自動往前移。

4-2-2 修剪影片多餘片段

影片精彩的部分通常是在中間的片段，所以要把前後段多餘的部分刪除，這時可透過編輯工具列的 ✂ 鈕來完成。

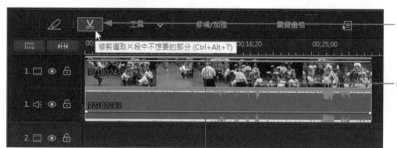

② 按此鈕準備修剪不想要的地方

① 點選要修剪的影片片段

③ 切換到「單一修剪」標籤

⑤ 拖曳左側黃鈕可設定要開始保留的位置

⑥ 拖曳右側黃鈕設定要結束的位置

④ 按「播放」鈕瀏覽影片內容，以便決定想要保留的區域片段

也可以按此二鈕設定開始標記與結束標記

⑦ 切換到「輸出」鈕

⑧ 按「播放」鈕可看到修剪後的影片片段

⑨ 確認沒問題則按「確定」鈕離開

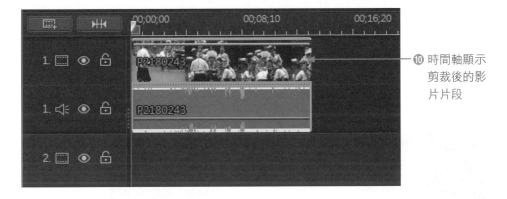

⑩ 時間軸顯示剪裁後的影片片段

4-2-3 設定影片靜音

在拍攝影片時通常會連同周遭環境的吵雜聲一起拍攝下來,對於這樣的視訊聲音,相信各位也不希望它被呈現出來。如果想要針對某一視訊片段的聲音做消除,可利用右鍵執行「片段靜音」的指令。

按右鍵於視訊片段,執行「片段靜音」指令,使之呈現勾選狀態

設定完成後，由預覽視窗按下「播放」▷鈕播放全片，就會發現該段影片變成靜音。如果希望整個專案中的視訊聲音都停用，那麼可以直接取消聲音軌道的眼睛，如圖示：

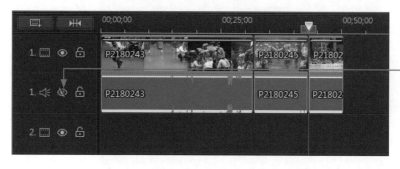

按一下此處，使眼睛關閉，則視訊軌中所有視訊聲音將不會被聽到

4-2-4　取消視訊與音訊連結

影片中所錄製進來的聲音，如果還有其它的用途，或是影片畫面需要修剪，但是聲音必須被完整保留下來，那麼可以考慮將視訊與聲音取消連結，如此一來就可以個別編輯它的聲音與視訊畫面。設定方式如下：

❷ 執行「連結／取消連結視訊與音訊」指令

❶ 按右鍵點選視訊影片

❸ 視訊與音訊已分割，可以各別進行編輯

4-2-5 拍攝視訊快照

拍攝的視訊影片中，如果有想要使用的畫面，可以考慮將它擷取下來，它會將畫面儲存成 *.jpg 的圖檔格式，可做為文字的背景底圖或是畫面效果的強化（停格效果）。

╲ 畫面截圖 ╱

要拍攝視訊快照，並不需要先將視訊檔插入至時間軸中才可截圖，只要透過預覽視窗就可以辦到。

❶ 選取影片縮圖

❷ 先拖曳此鈕到要擷取的影像畫面

❸ 按「拍攝視訊快照」鈕

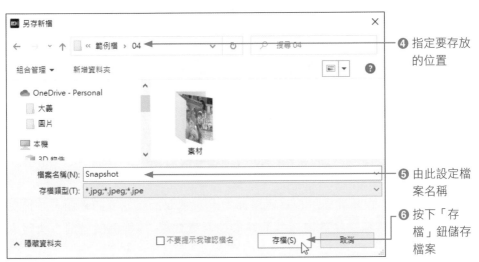

❹ 指定要存放的位置

❺ 由此設定檔案名稱

❻ 按下「存檔」鈕儲存檔案

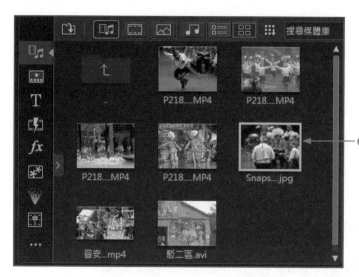

❼ 除了存放在指定位置外，剛剛擷取的影像也會顯示在媒體資料庫中

＼視訊快照的應用 ／

利用「拍攝視訊快照」擷取下來的畫面，除了用於背景或效果強化外，也可以考慮將快照的相片一一插入時間軸中，只要每張圖片的顯示時間較短時，就能產生跳動的視覺效果。在插入快照圖片時，可預先執行「編輯／偏好設定」指令，並在「編輯」類別中，將圖片檔的時間設為「0.6」秒或更短。如圖所示：

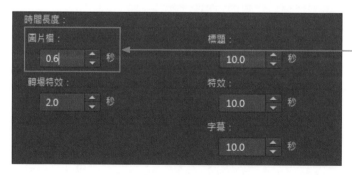

── 由此先決定每張圖片出現的時間

按下「確定」鈕離開後，再從媒體庫中一次選取所有擷取的畫面，並拖曳到時間軸中，這樣在播放時就能有跳動的視覺效果。（範例請參閱「快照應用 .pds」）

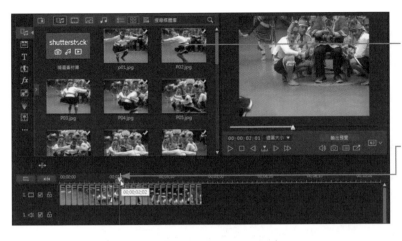

❶ 選取所有快照下來的相片

❷ 拖曳到時間軸中，就會以剛剛設定的圖片檔秒數插入快照

4-3　實用的多重修剪工具

　　早期的視訊剪輯比較麻煩，因為拍攝的攝錄影機並非數位化，所以必須透過視訊擷取卡擷取視訊到電腦。以 DV 磁帶為例，當 DV 攝影機利用傳輸線連接到電腦的 IEEE 1394 介面卡，在啟動威力導演程式後，將 DV 攝影機切換到 VCR 播放模式並按下「播放」鈕，威力導演就會自動偵測到 DV 攝影機。此時利用「擷取」步驟中的「從 DV 攝錄影機擷取」鈕即可擷取視訊片段。

　　透過這樣的方式所擷取的影片片段，就可能包含數個場景畫面，如果要一一做切割，也得耗費一些時間，這時若懂得利用「多重修剪」的功能來依場景分割視訊，就能夠加快視訊編輯的速度。由於今天人人隨手都有智慧手機可拍攝影片，按下「錄製」鈕開始錄製，結束時再按一次「錄製」鈕即可，所以一段影片就是一個場景，串接視訊就變得簡單許多。

4-3-1　依場景分割視訊

　　如果影片中包含數個場景畫面，想要將它依場景做切割，那麼匯入視訊後，請將影片先拖曳到時間軸的視訊軌中。

❷ 按下此鈕修剪選取的片段

❶ 點選視訊片段

❸ 切換到「多重修剪」標籤

❹ 按此鈕偵測場景

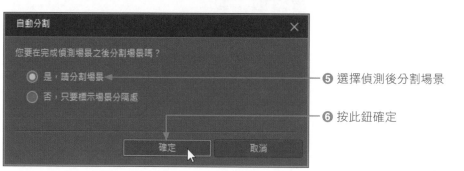

❺ 選擇偵測後分割場景

❻ 按此鈕確定

❼ 右側欄位已自動將影片依白天、黑夜不同場景分割成二段

4-3-2 刪除多餘的選取區段

在「多重修剪」的標籤中，可以事先將不需要使用到的場景區段剪掉，只要選取不要的影片區段，按下「移除」　🗑　鈕丟入垃圾桶中，這樣時間軸上就不會顯示出來。

❶ 選取不要的場景區段

❷ 按此鈕移除影片片段

❸ 完成時按「確定」鈕離開，夜晚的區段就不會顯示在時間軸中

4-3-3 內容感應編輯與多重修剪

威力導演還有項「內容感應」的功能，可偵測和分析影片的內容是否有臉孔、縮放、平移、或動作，針對視訊影片進行分析後，它會以不同的圖層及長方形區塊來顯示偵測的結果，使用者可以針對這些區塊作選取或修正。另外也可以針對影片內容進行標記，再設定為選取或取消選取，如此影片中拍攝不好的多段區塊，也可以輕鬆將它剔除。

如上所示的五個畫面是一段從遠拉近的牆壁畫作，因為中間隔了一道馬路，讓拍攝的畫面中出現了穿越的路人與摩托車輛。為了讓這段影片能夠較完美的由遠拉近畫作，那麼可以利用「內容感應」功能來將路人和車輛經過的畫面都修剪掉。修剪技巧如下：

❶ 將「駁二區」的影片片段插入時間軸，然後按右鍵

❷ 執行「編輯視訊／使用內容感應編輯進行編輯」指令進入下圖視窗

❸ 先按「播放」鈕了解影片需要保留的區段

這裡放置要保留的影片區段

這裡放置要刪除的影片區段

❹ 將播放磁頭移到要開始保留的起始位置

❺ 按此鈕加入起始標記

⑦ 按此鈕使加入結束標記

⑥ 播放磁頭移到路人經過前的畫面

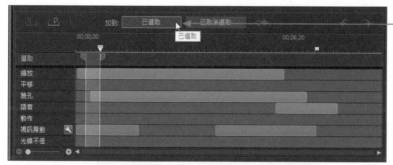

⑧ 按「已選取」鈕使加入至右上方的欄位

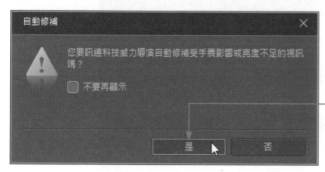

⑨ 按「是」鈕讓威力導演自動修補受手震動影響或亮度不足的視訊

⑩ 影片區段已
加入至此區
域

⑫ 按此鈕繼續
加入到「已
選取區」

⑪ 同上方式設
定第二個要
保留的區域

⑬ 依序完成要
保留的區域

⑭ 按「確定」
鈕將選取區
段加入時間
軸

⑮ 影片經過多
重修剪後已
變成四段

微電影行銷養成術 影音剪輯實作攻略╳社群媒體行銷

4-4 調整素材比例

　　在製作專案前，通常必須先決定專案的顯示比例，一般人都會根據所拍攝的視訊或相片比例來設定。以目前的智慧型手機來說，視訊畫面大多為 16:9 或 9:16 的比例，然而使用的素材，有可能是以前所拍攝的 4:3 畫面，一旦專案中同時擁有不同比例的素材，那麼最好修正一下，免得畫面中出現黑色區塊就顯得不夠專業了。

　　如右下圖所示，便是 4:3 的影像出現在 9:16 的專案中，就會在左右兩側出現黑色區塊。反之亦然，4:3 的專案中若出現 9:16 的素材，則會在上下方顯示黑色區塊：

9:16 專案畫面

4:3 影像在 9:16 中的呈現效果

4-4-1 變更視訊素材比例

　　辛苦製作的影片，目的不外乎是上傳到各個社群網站上或是做宣傳，由於廣告用途不同，所要製作的廣告規格也不相同。不管是視訊或相片，都有可能需要變更其比例，以符合專案的需求。這裡先來看看視訊的變更方式，請在歡迎視窗先設定影片的畫面顯示比例為「16:9」，再選擇「時間軸影片編輯器」進入威力導演軟體，接著將提供的「素材」匯入，我們將以如下的兩個影片片段做說明。

此段為 4:3 的
畫面比例

此段為 16:9
的畫面比例

　　現在我們將準備把 4:3 的視訊畫面變更成與專案相同的 16:9 比例。

預視窗可看
到畫面與視
訊比例不合

❶ 按右鍵於第
二段的影片
片段

❷ 執行「設定
片段格式／
設定顯示比
例」指令

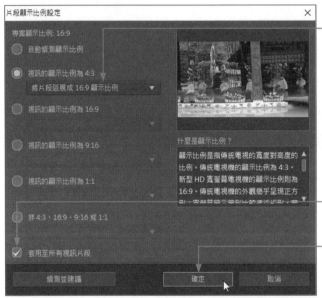

❸ 點選此項,將片段延展
成 16:9 的顯示比例

勾選此項則會套用
到所有的視訊片段

❹ 按此鈕確定

❺ 視訊畫面已
與專案同比
例

利用此方式變更影片比例，當然影像多少會有些變形，尤其是人物會因此而變胖些。為了避免人物變形的情況，也可以考慮利用威力導演的「裁切與縮放」功能來裁切畫面，使用技巧請參閱「4-6-4 範例：以威力工具裁切畫面」的說明。

4-4-2 變更相片素材比例

如果是相片素材需要變更比例，請在時間軸上的相片素材按右鍵，再執行「設定片段格式／設定圖片延展模式」指令來進行變更。

❶ 在相片素材上按右鍵執行「設定片段格式／設定圖片延展模式」指令

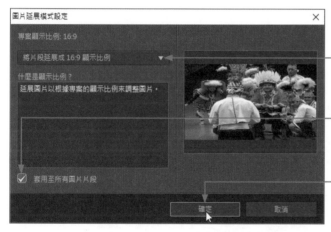

❷ 下拉此項，使圖片延展成 16:9 的比例

❸ 勾選此項可將時間軸中的圖片全部都套用此比例

❹ 按下「確定」鈕離開，相片比例也變更為 16:9 的比例

4-5 視訊／相片的修補與加強

專案中所使用的素材，有時因為拍攝者手持相機不穩、場地燈光昏暗、色偏或是音訊中有雜訊等問題，都可以在威力導演中利用 修補/加強 的功能來做修補與加強。各位可以將設定的結果套用到整個專案的視訊或相片素材中，也可以只針對某個片段的素材進行修補加強，使提升專案的整體品質。由於選定素材的不同，威力導演所提供的修補／加強功能也略有不同。如下所示：

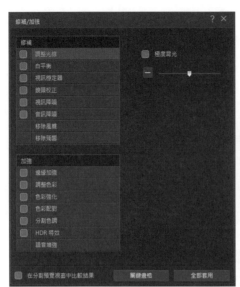

視訊素材的修補／加強　　　　　　相片素材的修補／加強

在進行調整的過程中，可勾選「在分割預覽視窗中比較結果」的選項，那麼可清楚在視覽視窗中觀看修補前與修補後的差別。

原視訊畫面

修補後的效果

如果僅需針對選取的影片片段做編修，那麼設定後請按下 ▇▇▇▇ 關鍵畫格 ▇▇▇▇ 鈕，若要套用至整個專案中的視訊影片，則請選擇 ▇▇▇ 全部套用 ▇▇▇ 鈕。接下來我們先針對威力導演所提供的修補／加強功能做說明。

4-5-1　貼心的修補功能

在修補方面，視訊影片提供調整光線、白平衡、視訊穩定器、鏡頭校正、視訊降噪、音訊降噪六種功能，而相片則有調整光線、白平衡、鏡頭校正、移除紅眼，套用重新對焦五種功能。這些修補功能大都是透過滑鈕的左右移動就可以進行調整。

＼調整光線／

用來增加 / 減少光線，適合在視訊片段或圖片含有過暗或過亮的部分時使用。勾選「極度背光」可調整片段中的背光。

＼白平衡／

用來調整色溫或建立特定氛圍，像是冬天或夏天。低數值適用於較冷的溫度，高數值適用於較溫暖的氛圍。

視窗中的「白校正」用來指定圖片應為白色的部分，按下 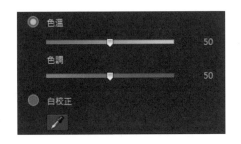 鈕後會進入如下視窗，請以滑鼠來指定白色區域，它會自動調整其他色彩，讓圖片變得更鮮艷逼真。

滑鼠變成滴管造型時，請點選白色區域

由此拖曳可決定要觀看的視訊畫面

∖∖ 視訊穩定器 ∕∕

視訊穩定器是採用動作補償技術來修正晃動的視訊。此工具適合用於未使用三腳架或移動中所錄下的視訊。如果片段中有攝影機從另一側旋轉到另一側的區段，請選用「修正旋轉攝影機震動」的選項。

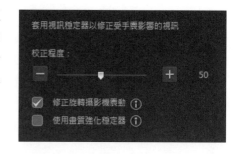

∖∖ 鏡頭校正 ∕∕

選取「鏡頭校正」將匯入並讀取鏡頭設定檔，以便自動修正變形的相片或影片，若這些相片或影片有魚眼變形或是暗角效果的情形，可使用控制項目來做手動修正。若偵測到的鏡頭不正確，請手動選取要修正的相片／視訊所需的其他製造商或機型。

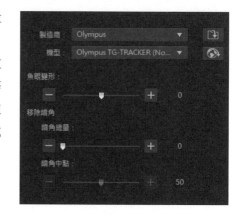

∖∖ 視訊降噪 ∕∕

「視訊降噪」可移除視訊片段中的雜訊，適用於包括高 ISO 值和電視訊號等雜訊。

∖∖ 音訊降噪 ∕∕

音訊降噪用於戶外、音響效果不佳的室內、車內，或其他吵雜地點所錄到的視訊片段。音訊降噪工具使用訊連科技的雜訊降低技術，可改善視訊中的音訊品質，並減少背景雜訊，像是風的雜音、喀擦雜音、靜態雜音等。

╲╲ 移除紅眼 ╱╱

威力導演會自動偵測相片中的臉孔並移除紅眼現象，因此無任何選項設定。

╲╲ 套用重新對焦 ╱╱

選取相片素材後，勾選「套用重新對焦」，可使用滑桿調整加強程度。

4-5-2　一定要學的加強功能

在加強方面，視訊影片提供邊緣加強、調整色彩、色彩強化、色彩配對、分割色調、HDR 特效等六種功能，而相片則提供調整色彩、色彩配對、分割色調、HDR 特效等功能。

╲╲ 邊緣加強 ╱╱

利用智慧型解析度提升功能，讓標準畫質的視訊擁有真實高畫質視訊的質感與外觀，使用此功能可改善視訊的清晰度與品質。

╲╲ 調整色彩 ╱╱

可手動調整視訊或相片的色彩屬性，像是曝光、亮度、對比、色調、飽和度、鮮豔度、清晰度等。

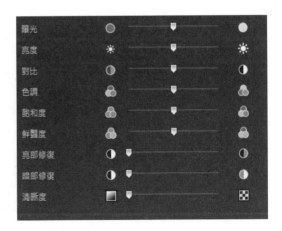

╲色彩強化╱

色彩強化會動態調整視訊中的色彩飽和度比率。使用此功能可讓視訊色彩更加生動,且不會影響膚色的色調。

╲色彩配對╱

此功能可將影片或影像的色彩和色調值套用至另一影像。按下 色彩配對 鈕後會顯示如下視窗,請從時間軸選取要參考的相片或影片,接著按下 配色 鈕就會進行顏色的配對。

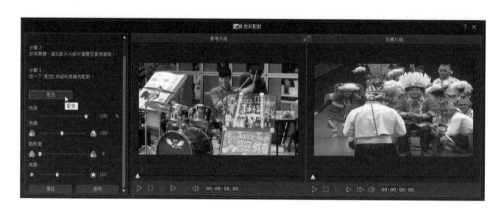

╲分割色調╱

可進行亮部或是暗部的色相、飽和度的調整。

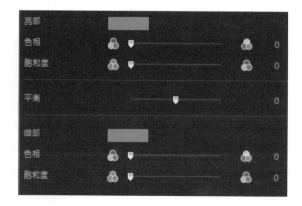

\\ HDR 特效 \\

針對光暈和描邊的強度、半徑、平衡進行調整。

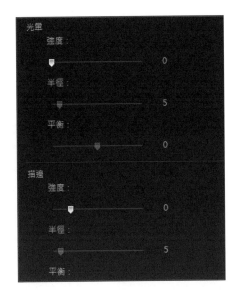

4-6 ## 威力工具設定視訊／相片的完美體驗

針對視訊片段的剪輯，威力導演還有很多的工具可以做裁切／縮放／平移、視訊速度、視訊倒播，甚至可以與時間軸的媒體進行混合。這些工具除了運用在視訊影片上，也可以運用在相片素材上，其使用方式都相同。要使用這些工具，請在時間軸上點選影片片段，接著由編輯工具列按下 工具 ∨ 鈕，即可選擇如下的幾個選項。

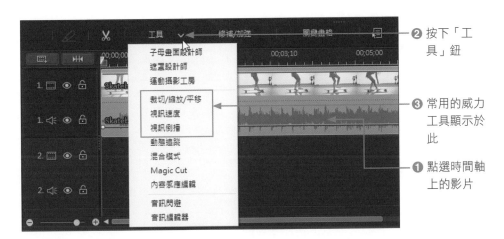

❷ 按下「工具」鈕

❸ 常用的威力工具顯示於此

❶ 點選時間軸上的影片

其中勾選「視訊倒播」功能，可讓所選的視訊片段進行反方向的播放。

4-6-1 裁切／縮放／平移

由「工具」鈕下拉選擇「裁切／縮放／平移」指令，將會看到「裁切／縮放／平移」視窗，可進行長寬比例的調整或畫面角度的變更，也可以加入關鍵畫格。

—— 調整畫面旋轉角度

—— 設定畫面比例

—— 由此做關鍵畫格的設定

4-6-2 視訊速度

由「工具」鈕下拉選擇「視訊速度」指令將會進入「視訊速度設計師」的視窗，可針對影片片段或選取的範圍進行速度的調整。視窗中除了可設定新的視訊時間長度，也可以透過加速器增加視訊速度，若要減慢視訊速度，則是使用畫格插入技術來處理。

4-6-3　混合模式

　　用來設定媒體混合的模式，讓選取的影片片段與其上方軌道中媒體，產生變暗、色彩增值、變亮／暗、覆疊、色相…等各種的混合效果。如下圖所示的效果：

覆疊混合模式

4-6-4　以威力工具裁切視訊畫面

　　如果拍攝當時因為鏡頭的距離較遠，使得主題人物變得比較小，為了強化主角人物，可以考慮利用「工具」的「裁切／縮放／平移」功能來做畫面的裁切。另

外，視訊影片的畫面比例與專案比例不相符合時，也可以使用威力工具的「裁切
／縮放／平移」功能來裁切畫面。

影像畫面 16:9

視訊畫面 4:3

如上所示的畫面是在 16:9 的專案中插入 4:3 的視訊，現在準備利用威力工具
將 4:3 的影片裁切成 16:9 的畫面。

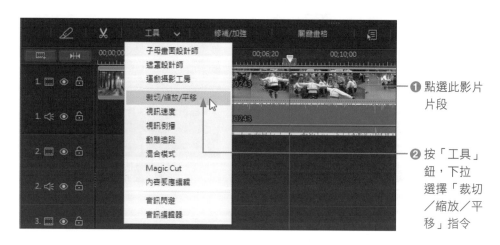

❶ 點選此影片
片段

❷ 按「工具」
鈕，下拉
選擇「裁切
／縮放／平
移」指令

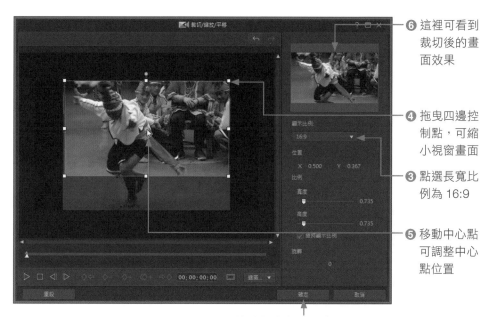

⑥ 這裡可看到
裁切後的畫
面效果

④ 拖曳四邊控
制點,可縮
小視窗畫面

③ 點選長寬比
例為 16:9

⑤ 移動中心點
可調整中心
點位置

⑦ 按此鈕確定,完成畫面的裁切

4-6-5　以關鍵畫格強化視訊主題

　　以威力工具裁切視訊畫面時,如果主題人物的位移範圍較大,也可以考慮多增
加幾個關鍵畫格的位置,以方便設定裁切的區域,讓主題能夠更鮮明強眼。這裡
以威力導演的範例影片「Skateboard01.mp4」做說明。

① 點選「Skateboard01.mp4」的影片片段

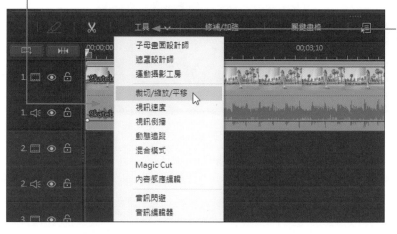

② 按「工具」
鈕並選擇
「裁切/縮
放/平移」
指令

設定後的畫面效果顯示於此

❹ 拖曳出畫框的區域範圍，並決定畫面中心點位置

❸ 先確定紅點位置在第 1 個主畫格

❺ 拖曳播放磁頭至此

❻ 當主角人物有些偏離畫面時，按此鈕使增設關鍵畫格

❼ 當主題人物偏離畫面時，依序加入關鍵畫格，並拖曳四角控制點使決定畫面顯示的效果

❽ 按「播放」鈕預覽整個效果

❾ 完成後按「確定」鈕離開

4-6-6　縮時攝影／慢速攝影效果的小心思

　　「縮時攝影」顧名思義就是將影片的時間縮短，使影片快速播放的一種效果。縮時攝影目前運用的範圍相當多，舉凡拍攝大自然的變化、晨昏日落的變化等，都可看到縮時攝影的表現。在威力導演中，透過威力工具的「視訊速度」功能，即可依照需求將整段影片做縮時的設定。我們同樣以威力導演的範例影片「Skateboard01.mp4」做說明，請在時間軸點選該影片片段，按「工具」鈕並選擇「視訊速度」指令使進行如下畫面。

❶ 切換到「整個片段」標籤

❷ 向右拖曳滑鈕，使數值加大

❸ 按下「播放」鈕即可看到加速的結果

另外，想要將重要的鏡頭畫面以慢速度的方式呈現出來，讓觀賞者可以細細觀看品味，那麼可以透過「所選範圍」標籤來選取要放慢速度的範圍。請點選「所選範圍」標籤，出現如下視窗時按下「確定」鈕先移除前面所做的變更。

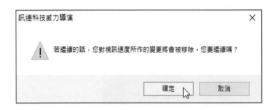

接下來準備將女孩左腳點踏滑板的畫面進行慢速度處理，設定方式如下：

❷ 按下此鈕建立時間調整區段

❶ 預覽影片內容後，將播放磁頭放在要做慢速處理的區段前方

❹ 向左拖曳滑鈕使視訊速度變慢

❺ 勾選此二項可加入漸入漸出效果

❻ 再次按下「播放」鈕即可看到慢速後的效果

❸ 出現黃色方框時，拖曳右側框線，使確立做慢速處理的範圍

<table>
<tr><td>4-7</td><td>關鍵畫格輕鬆設定</td></tr>
</table>

對於時間軸上所選取的影片片段，除了利用「修補／加強」的功能來調整視訊外，還可以利用「關鍵畫格」的功能來自訂視訊的關鍵畫格，然後再針對關鍵畫面進行修補／加強及片段屬性與音量的調整。

4-7-1 設定項目

要顯示關鍵畫格設定視窗，請在時間軸上選取影片後，由編輯工具列上按下 關鍵畫格 鈕。如圖示：

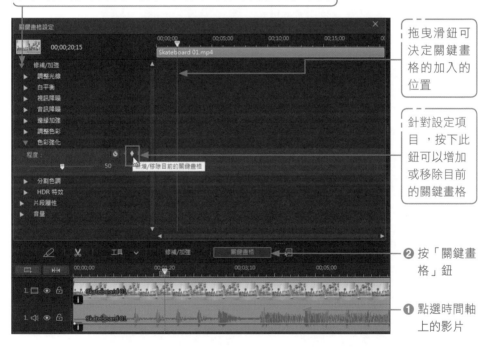

這裡顯示設定的類別，按下三角形鈕可看到下層的設定項目

拖曳滑鈕可決定關鍵畫格的加入的位置

針對設定項目，按下此鈕可以增加或移除目前的關鍵畫格

❷ 按「關鍵畫格」鈕

❶ 點選時間軸上的影片

關鍵畫格裡提供三大類別的設定內容如下：

\\修補‧加強//

包含調整光線、白平衡、視訊降噪、音訊降噪、邊緣加強、調整色彩等設定。按下名稱前的 ▶ 鈕使變成 ▼ 鈕，即可透過滑桿來調整程度。

∥ 片段屬性 ∥

針對位置位置、高度、寬度、不透明度、旋轉、錨點等作設定。

∥ 音量 ∥

用來設定聲音特效的強度。

4-7-2　設定影片淡入淡出

視訊影片由黑漸變出來，結束時則畫面漸變成黑，這樣的淡入淡出效果是經常被使用的。這樣的效果就可以利用關鍵畫格來設定視訊片段的不透明屬性。我們延續上面的範例進行設定：

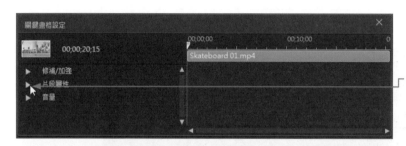

❶ 按此處，使顯現「片段屬性」的設定內容

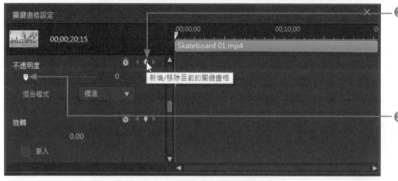

❷ 在「不透明度」右側按下此鈕，使新增關鍵畫格

❸ 將不透明度設為 0，則預視窗畫面變黑

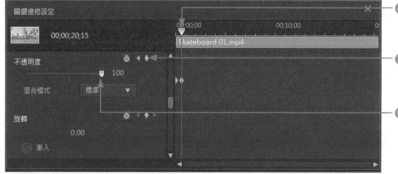

❹ 播放磁頭移到此處

❺ 按此鈕新增關鍵畫格

❻ 將不透明度設為 100，預視窗畫面則恢復正常

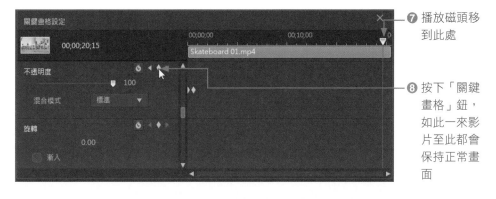

❼ 播放磁頭移
到此處

❽ 按下「關鍵
畫格」鈕，
如此一來影
片至此都會
保持正常畫
面

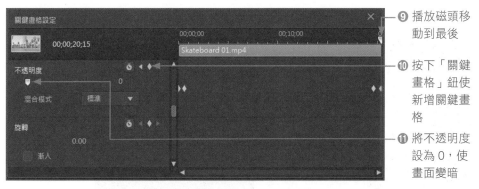

❾ 播放磁頭移
動到最後

❿ 按下「關鍵
畫格」鈕使
新增關鍵畫
格

⓫ 將不透明度
設為 0，使
畫面變暗

設定完成後，會在影片片段上看到如下的綠色路徑與白色圓點，直接拖曳原點也可以調整關鍵畫格的位置與透明度喔！

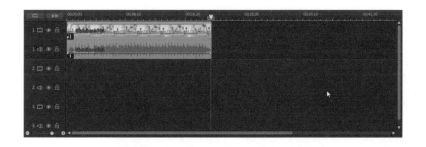

4-8　Magic Cut 與縮減影片長度

　　Magic Cut 是使用神奇的視訊技術來尋找並保留最精采的時刻，同時捨棄比較不重要的區段。此工具適合用來將較長的視訊區段大量濃縮成較短的片段。使用者只要設定好期望的影片長度，再由「標準」標籤來調整 Magic Cut 的剪下視訊規則，即可快速完成剪輯動作。這裡以威力導演的範例影片「Skateboard01.mp4」做說明，示範將原先 10 秒的影片剪輯成 5:00 的長度。

❷ 由「工具」下拉選擇「Magic Cut」指令

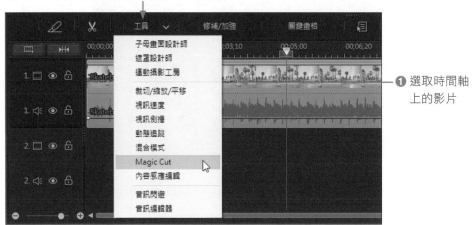

❶ 選取時間軸上的影片

❸ 設定想要的新影片長度

如要加入新的音樂可按此鈕新增

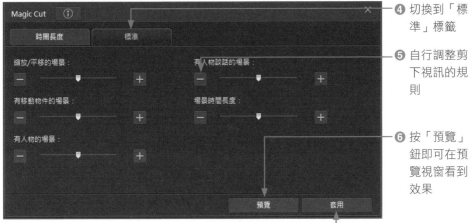

④ 切換到「標準」標籤

⑤ 自行調整剪下視訊的規則

⑥ 按「預覽」鈕即可在預覽視窗看到效果

⑦ 滿意則按「套用」鈕套用結果

MEMO

快速搞定轉場
與特效處理

當各位學會如何在時間軸中加入和編修素材後，為了讓素材之間在轉換時能夠變得活潑生動而不突兀，可以考慮在每個素材與素材之間加入「轉場特效」。「特效」工房能讓影片加入多種的特殊效果，諸如：3D 立體、星星、火焰、柔焦、木刻、水彩畫、氣泡、特寫、雪花、雷射等，輕輕鬆鬆就讓影片變得色彩繽紛而多樣，這些轉場與特效都可直接在媒體資料庫中找到。

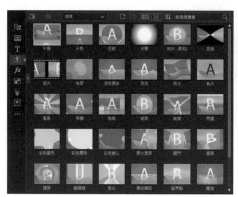
轉場特效工房

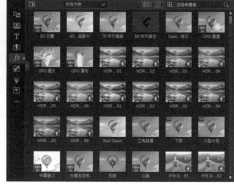
特效工房

5-1　加入轉場特效

影片在播放時，如果沒有加入任何的轉場特效，它會在 A 片段播放完直接播放 B 片段，在沒有心理準備的情況下就跳到另一個影片片段時，有時會讓欣賞者感到很突兀，而轉場效果的加入便是做為兩段影片的緩衝，告知觀賞者另外的場景畫面準備要出現。

5-1-1　轉場特效模式 - 重疊與交錯

轉場特效基本上是作用在前一段影片與後一段影片之間。也就是説，A 段影片的後面及 B 段影片的前面都會出現轉場效果。在威力導演中，轉場特效的行為主要有兩種方式，一個是「重疊」，另一個則是「交錯」，二者所顯示的位置略有不同，各位可以比較一下它的差異點。

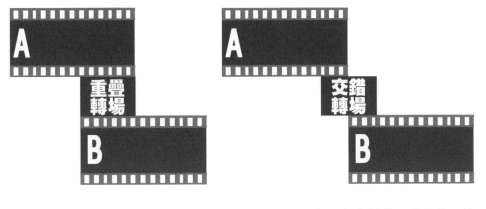

通常預設狀態所加入的轉場特效為「重疊」，如果你比較喜歡使用「交錯」的轉場方式，可透過「編輯／偏好設定」指令，在如下的「編輯」類別中將「重疊」變更為「交錯」。

── 由此進行變更

然而二者所顯示的效果事實上是差不多，這裡跟各位作説明。

\\ 重疊轉場特效 \\

轉場圖示會顯示在前段影片後方

播放磁頭所顯示的畫面

＼交錯轉場特效／

轉場圖示會顯示在兩段影片間　　　　播放磁頭所顯示的畫面

除了「重疊轉場特效」與「交錯轉場特效」兩種轉場行為外，在針對全部視訊作套用隨機轉場特效時，還會看到「前置轉場特效」與「後置轉場特效」兩種轉場方式。

「前置轉場特效」會加在整個專案影片的最前端，讓畫面由全黑漸漸轉換出第一張畫面；而「後置轉場特效」會加在專案最尾端，讓最後一張畫面漸漸轉換成全黑畫面。

前置轉場特效　　　　　　　　　　　　　　　後置轉場特效

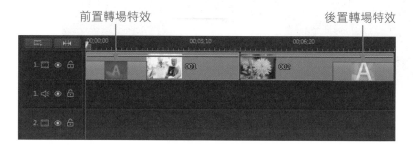

5-1-2　轉場特效時間

威力導演預設的轉場特效時間為 2 秒，不過使用者可以自行調整。想要變更預設時間，請由功能表執行「編輯／偏好設定」指令，在「編輯」的類別中即可進行修改。

修改後，所加入的轉場特效就會以此時間為標準

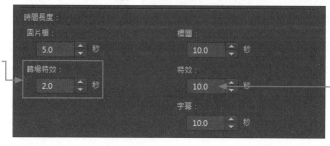

這裡可設定特效的時間長度

由於轉場特效都會耗掉部分的影片長度，所以在拍攝或修剪視訊片段時，最好能多停留 2-3 的時間，並且避免將一些重要的鏡頭放在影片片段的後端，這樣才不會讓轉場特效將精采片段給覆蓋掉。

5-1-3　魅惑的「重疊」轉場特效

要加入預設的「重疊」轉場特效，以拖曳方式最方便不過了。以腳本檢視模式為例，選取想要使用的轉場縮圖不放，直接拖曳到下方的影片片段，就會加入「重疊」的轉場效果。其特點就是在前一影片縮圖的右下角方與後一影片縮圖的左下角加入轉場圖示。

❶ 點選「轉場特效工房」鈕

❷ 點選轉場縮圖不放

❸ 拖曳至腳本中，就會加入「重疊」的轉場效果

如果是在時間軸檢視模式下，請將轉場縮圖拖曳到兩段影片的中間，就會加入預設的「重疊」轉場特效。

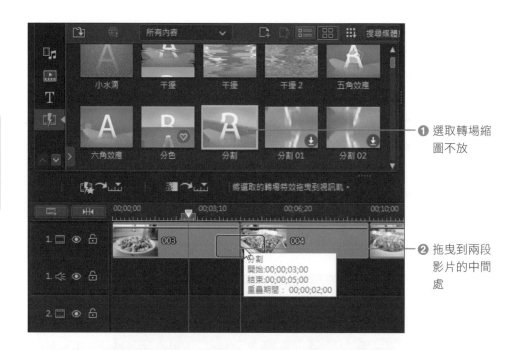

❶ 選取轉場縮圖不放

❷ 拖曳到兩段影片的中間處

❸ 轉場效果會先顯示在前段影片的最後

　　由於兩段影片之間只能插入一種轉場效果，所以後加入的轉場特效會蓋過前一次的轉場特特效。如果要移除已加入的轉場效果，可在時間軸的影片上點選轉場縮圖，再按下「Delete」鍵就可以了。

5-1-4　夢幻的「交錯」轉場特效

　　由於加入的預設轉場特效為「重疊」，如果想要變更轉場特效為「交錯」方式，請在時間軸上點選轉場圖示，按下 ▆▆修改▆▆ 鈕，就可以在「轉場特效設定」視窗中，將預設的「重疊」變更為「交錯」方式。

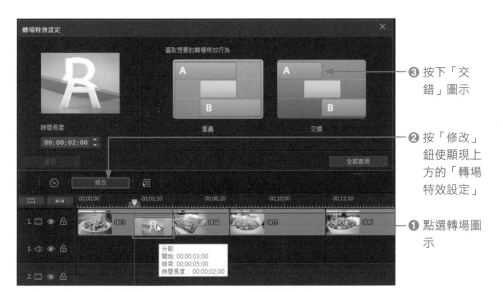

❸ 按下「交錯」圖示

❷ 按「修改」鈕使顯現上方的「轉場特效設定」

❶ 點選轉場圖示

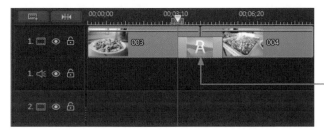

❹ 轉場圖示已變更在兩影片之間

5-1-5 轉場效果套用到選取軌道的所有視訊

針對大量的素材、想要快速加入特定的轉場特效，可以由「媒體庫選單」 ⊞ 鈕下拉選擇「將選取的轉場效果套用到所選取軌道上的所有視訊」，就可以快速將效果加入至視訊中。

❷ 按「媒體庫選單」鈕

❸ 再下拉選擇轉場類型

❶ 選取轉場效果

5-1-6 「前置」轉場特效與「後置」轉場特效

對視訊套用轉場特效時，也可以選擇在專案影片的最前端加入「前置」轉場特效，或是在影片的最後端加入「後置」轉場特效。如圖示：

拖曳轉場縮圖至影片縮圖前方，可加入前置轉場效果

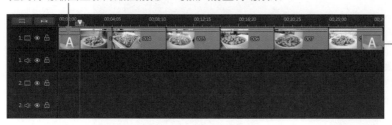

拖曳轉場縮圖至影片縮圖後方，可加入後置轉場效果

所加入的轉場特效若為「前置」或「後置」，那麼在編輯工具列上按下 **修改** 鈕時，「轉場特效設定」就不會顯示任何的設定內容喔！

5-1-7 「我的最愛」類別

對於經常使用或是特別喜愛的轉場特效，也可以考慮將它們集合在一起，威力導演提供了「我的最愛」的類別，只要點選喜歡的轉場縮圖，然後拖曳到「我的最愛」類別中就可辦到。

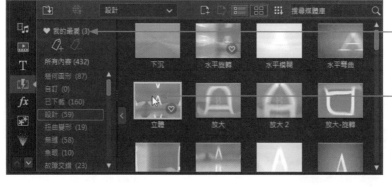

❷ 拖曳到「我的最愛」資料夾中

❶ 點選喜歡的轉場縮圖不放

③ 切換到「我的最愛」資料夾，就可看到剛加入進來的轉場特效

5-1-8　建立新的 Alpha 轉場

除了使用威力導演所提供的轉場效果外，你也可以利用「轉場特效設計師」來自訂專屬的轉場效果。只要利用 匯入圖片素材，自行設定圖片、外框、漸變過程、描邊等屬性內容，就可以建立專屬的轉場特效。建立方式如下：

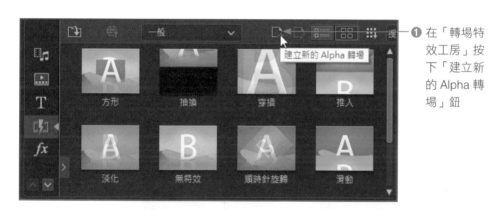

① 在「轉場特效工房」按下「建立新的 Alpha 轉場」鈕

② 點選要使用的相片或圖案素材

③ 按「開啟」鈕使進入「轉場特效設計師」

117

⑤ 按「播放」預覽轉場效果

⑥ 滿意設定結果請按「確定」鈕

④ 勾選「外框」後，由「填滿類型」選擇「單色」，並自訂色彩

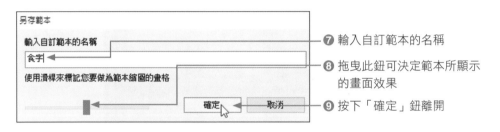

⑦ 輸入自訂範本的名稱

⑧ 拖曳此鈕可決定範本所顯示的畫面效果

⑨ 按下「確定」鈕離開

⑩ 自訂的轉場效果已加入至「自訂」類別中

5-1-9 修改／刪除自訂轉場範本

對於自己建立的轉場效果，在建立後如果還想要進行編修，可按右鍵於範本縮圖，再執行「修改範本」指令，就能回到「轉場特效設計師」的視窗。如果想要刪除，則按右鍵執行「從磁碟中刪除」指令。

執行此指令可修改轉
場特效

5-2 神奇的特效工房

「特效工房」提供各種視覺特效，可應用在視訊軌的素材片段中，用以改變該
視訊／相片的外觀，也可以放置在獨立的特效軌中，針對專案中的多個素材進行
套用。像是 3D 立體、水中倒影、放大鏡、閃電、馬賽克、電視牆、火焰、水彩
畫、折射氣泡、柔焦、雪花、雷射等特效，由於豐富多變且色彩繽紛，經常讓觀
看者眼睛為之一亮。

至於威力導演中所提供的特效工房大概有如下幾種類別，使用者只要點選特效
縮圖，就可以在預覽視窗中看到特效的變化。由於特效內容多達 500 種，對於
尚未下載的特效，可按下右下角的 ⬇ 鈕進行下載。

❶ 切換到「特效工房」鈕　　❷ 點選特效縮圖　　　　❸ 預覽視窗可看到特效變化

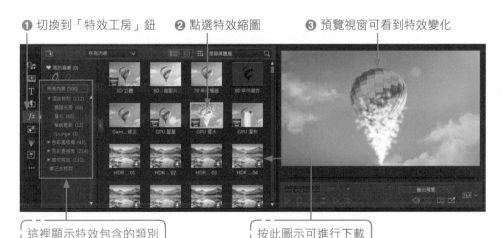

這裡顯示特效包含的類別　　　　　　按此圖示可進行下載

119

5-2-1　套用特效至特效軌

在時間軸模式裡，威力導演提供獨立的特效軌，方便使用者針對整個專案或多個影片素材進行套用。只要選定特效後按下「新增至特效軌」 鈕，就可從播放磁頭指定的位置開始加入預設的秒數。

❷ 切換到「特效工房」

❸ 點選特效縮圖

❹ 按此鈕使加入特效軌

❶ 播放磁頭放在要插入特效的位置

❺ 拖曳右邊界可加長／剪短特效時間，若要刪除可直接按「Delete」鍵

5-2-2 修改特效設定

在特效軌中加入特效後，各位還可以透過 **修改** 鈕來修改它的設定項目，或是按右鍵執行「編輯特效」指令，就可開啟「特效設定」視窗。由於每種特效的屬性皆不同，所看到的設定項目也會不同。

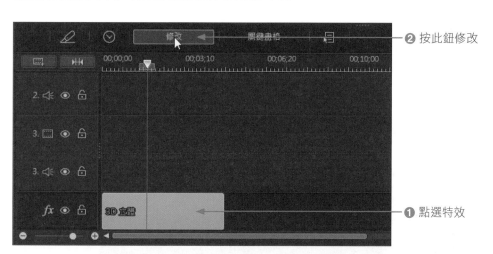

❷ 按此鈕修改

❶ 點選特效

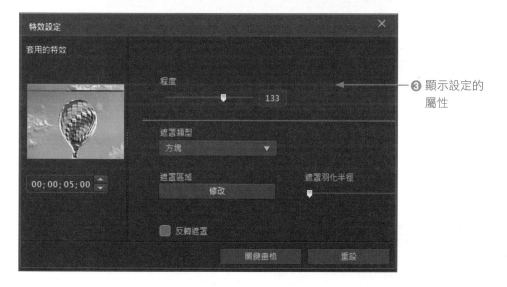

❸ 顯示設定的屬性

121

5-2-3 套用特效至素材片段

「特效工房」的特效也可以加在任何視訊軌的素材片段中，只要利用拖曳方式，就能將選定的效果加入至時間軸的素材片段。加入後會在素材縮圖的左下角顯示 ![i] 圖示，滑鼠移入該圖示可看到加入的特效名稱與數量。

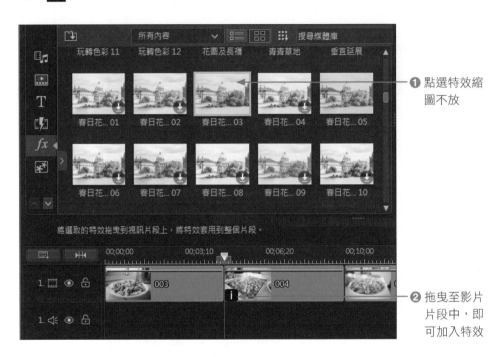

❶ 點選特效縮圖不放

❷ 拖曳至影片片段中，即可加入特效

5-2-4 套用多重特效

剛剛已經學會將一種特效加入到影片片段上，若想將多個特效應用在同一個素材，一樣是拖曳特效縮圖到影片片段上就可搞定。如下圖所示，該片段已加入兩種特效。

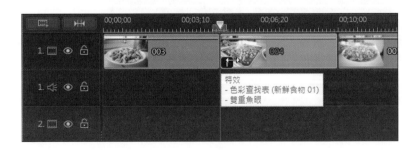

特效如果是加諸在「特效軌」上，原則上只能設定一種特效。因此當播放磁頭的位置已經有特效存在或是之後有放入特效時，按下  鈕就會出現如下的選項要求各位作選擇。

5-2-5　編修特效屬性

影片素材加入特效後，使用者還能利用　　特效　　鈕來針對特效的屬性進行修改。

❷ 按「特效」鈕將顯示「特效設定」視窗

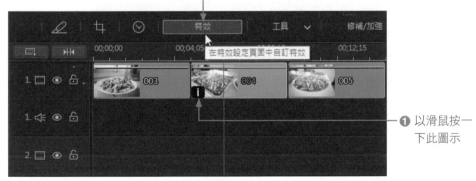

❶ 以滑鼠按一下此圖示

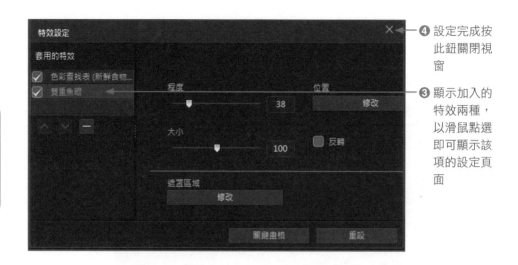

④ 設定完成按此鈕關閉視窗

③ 顯示加入的特效兩種，以滑鼠點選即可顯示該項的設定頁面

5-2-6 特效再見

　　特效加入到影片片段中，如果不滿意想要刪除該特效，可按 　特效　 鈕在「特效設定」視窗進行移除。影片中的特效若全部移除，素材左下角的 ⓘ 圖示也會一併消失。

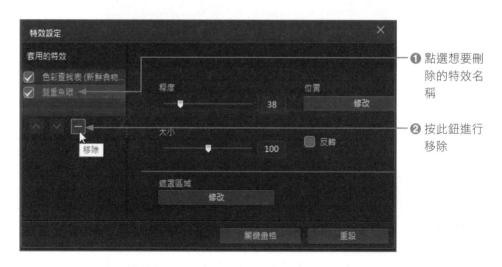

❶ 點選想要刪除的特效名稱

❷ 按此鈕進行移除

在移除特效軌中的特效時，若是選取的特效之後還有其他特效存在，按右鍵執行「移除」指令時，建議選擇「移除並保留空隙」的指令，這樣才不會影響到原先已加入的其他特效。如圖示：

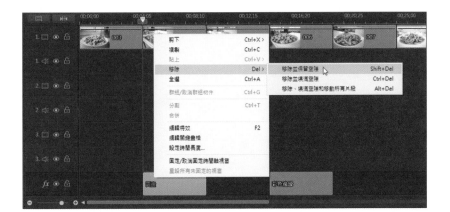

MEMO

06

實戰專業級
音訊剪輯

各位製作的視訊影片如果沒有音樂／音效的陪襯和旁白的輔助說明，再好的視訊也會是減色，善用配樂旁白能引領觀賞者一步步進入視訊的情境當中。在音訊處理方面，威力導演除了讓使用者可以輕鬆取得與插入音檔外，在編輯方面允許使用者透過聲波的控制，讓背景音樂有淡入淡出的效果，也可以自行透過麥克風來錄製旁白，另外還可以掌控視訊、旁白、配樂三者混音時的效果，讓初次接觸的視訊剪輯者也能輕鬆成為配樂大師。

6-1　插入背景音樂

　　影片中要插入動人又好聽的背景音樂，可以從音樂 CD 片中擷取，威力導演也有提供 DirectorZone 網站可以下載音樂片段，這些方式都可以快速製作適合的背景音樂。除此之外，現成的音檔匯入媒體資料庫後，也可以直接插入到配樂軌中使用。

6-1-1　CD 音樂片擷取音樂

　　要從現有的 CD 音樂片中取得音樂，只要將 CD 片放入光碟機，執行「檔案／擷取」指令進入「擷取」視窗，就可以透過「從 CD 擷取」 功能，依照下面的步驟進行將好聽的音樂擷取下來。

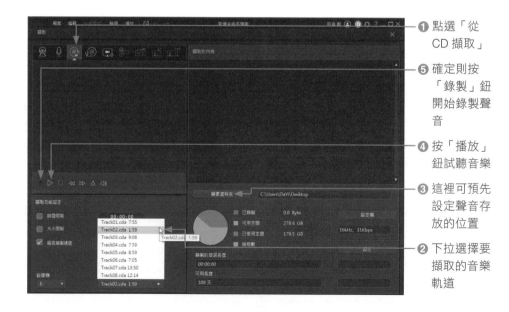

❶ 點選「從 CD 擷取」

❺ 確定則按「錄製」鈕開始錄製聲音

❹ 按「播放」鈕試聽音樂

❸ 這裡可預先設定聲音存放的位置

❷ 下拉選擇要擷取的音樂軌道

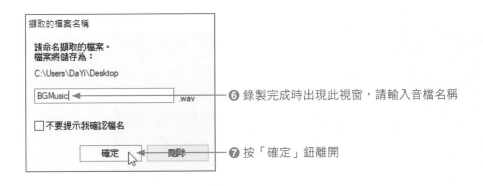

⑥ 錄製完成時出現此視窗，請輸入音檔名稱

⑦ 按「確定」鈕離開

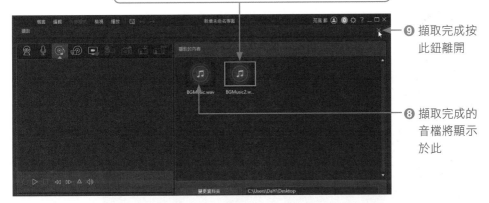

如需擷取其它軌的音樂，可依次擷取，使排列於此

⑨ 擷取完成按
此鈕離開

⑧ 擷取完成的
音檔將顯示
於此

按此鈕可以
匯入現成的
音檔

⑩ 擷取的音樂
自動加入到
媒體工房中

如果有現成的音檔想要匯入到威力導演中使用，請利用 🔽 鈕匯入。

6-1-2 插入音訊素材

在威力導演中想要插入聲音，可將聲音放置在有 🔊 圖示的管道中即可。

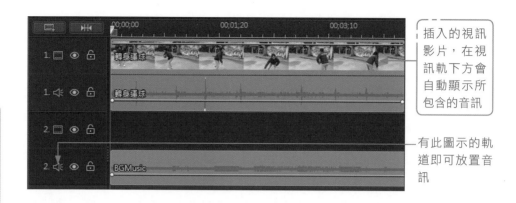

插入的視訊影片,在視訊軌下方會自動顯示所包含的音訊

有此圖示的軌道即可放置音訊

要插入音訊,只要先點選軌道,接著從「媒體工房」點選音檔圖示,按 鈕就可以將音檔加入。

❷ 點選聲音素材

❸ 按此鈕在選取的軌道上插入

❶ 先點選軌道

❹ 瞧！音檔被
插入了

6-1-3 新增其他音軌

編輯影片時如果預設的軌道不敷使用時，可在時間軸左上方按下 ▦ 鈕，開啟
「剪輯軌管理員」來新增音軌。

只要新增音軌，則視訊軌可設為 0

❶ 設定要新增的音軌數

❷ 選擇音軌要放置的位置後，按「確
定」鈕離開

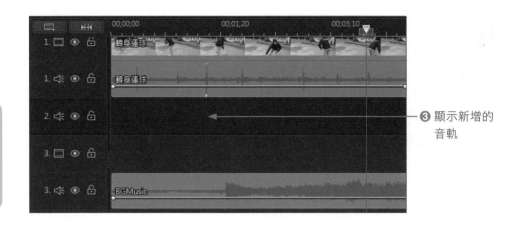

❸ 顯示新增的
音軌

6-2 編修背景音樂與音效

各位從 CD 音樂片擷取的音樂或是自行匯入的音檔,都可能需要做音檔的編修,像是針對長度不夠的音樂要進行串接,而過長的音樂則需要做修剪。另外,結尾處也不能突然地結束,必須加入淡出效果才能有結尾的感覺,這些缺失都得自己處理。

6-2-1 串接背景音樂

當視訊影片較長,而所要使用的背景音樂過短時,就必須多次的加入同一首背景音樂,但是串接時要特別注意銜接的地方,要多聽幾次或做修剪,才能讓音檔銜接地很完美。

❷ 將播放磁頭移到音樂要加入的地方,按右鍵
　執行「貼上/貼上並插入」指令

❶ 點選音樂片
段,按右
鍵執行「複
製」指令

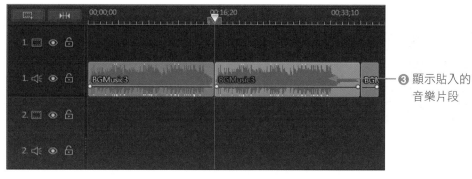

❸ 顯示貼入的
音樂片段

在串接過程中，如果音樂片段後方有多餘的部分，只要拖曳該段音樂的右邊界並向左移，當出現快顯功能表時執行「修剪和移動片段」指令，即可修剪並將後段的音樂片段往前移動。如圖示：

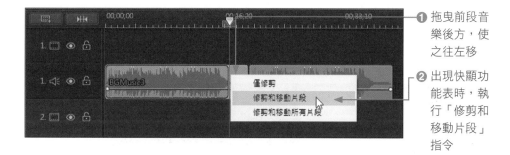

❶ 拖曳前段音
樂後方，使
之往左移

❷ 出現快顯功
能表時，執
行「修剪和
移動片段」
指令

完成音樂的串接後，記得反覆試聽並確認銜接處的效果喔！

6-2-2 修剪背景音樂

當背景音樂的長度比視訊的長度還要長時，這時要做修剪的工作。只要將配樂軌的聲音長度往左拖曳，使之與視訊軌同長度就行了，另外音樂前端若向右拖曳也可以進行修剪。

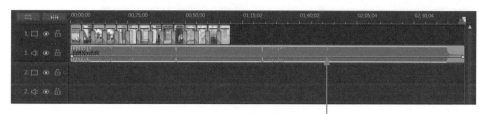

❶ 開啟範例檔「聲音修剪 .pds」，先試聽一下音樂，
了解視訊開頭與結尾的音樂效果

❸ 拖曳右側邊界並往左移動,使之與視訊同長度,
出現快顯功能表時選擇「僅修剪」指令即可

修剪後聲音會突然斷掉,只要透過淡入與淡出的設定就可搞定。

6-2-3 音訊長度智慧型符合

威力導演工具中有個「音訊長度智慧型符合」功能,它可以讓你快速將音樂長度調整道專案結束,你也可以自訂時間長度。使用方法如下:

❷ 按下「工具」鈕,下拉選此項

❶ 點選音樂素材

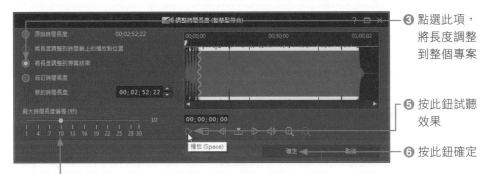

❸ 點選此項,將長度調整到整個專案

❺ 按此鈕試聽效果

❻ 按此鈕確定

❹ 設定偏差值

6-2-4　淡出／淡入設定

「淡入」是指聲音從無到有漸漸變大聲出來，而「淡出」則是從有到無漸漸變小聲，這樣就會有開始與結束的感覺，聽者也不會因為聲音突然斷掉而感到奇怪。設定方式是在聲波前後各加入兩個控制點，然後將最前與最後的控制點下移就可以了。

❶ 在聲音出現沒多久的地方，加按「Ctrl」鍵和滑鼠左鍵，使加入控制點

❷ 將最前端的控制點往下移，完成淡入的設定

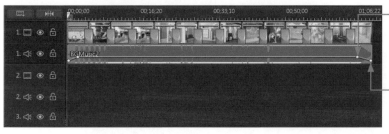

❸ 同上方式，在聲音結束前一小段處增加控制點

❹ 將最後處的控制點下移，完成淡出設定

6-2-5 修剪音效

除了背景音樂作為視訊的陪襯外，有時也會加入一些短小而有力的音效來點綴。對於這些音效檔，在加入時間軸後可按下編輯列上的 ✂ 鈕，進入「修剪音訊」視窗後再利用「開始標記」與「結束標記」來進行範圍的修剪。如圖示：

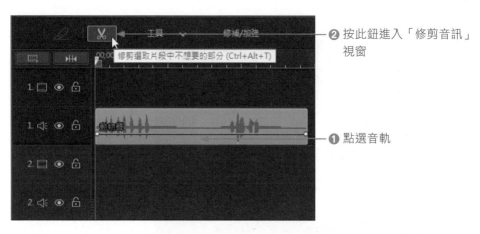

❷ 按此鈕進入「修剪音訊」視窗

❶ 點選音軌

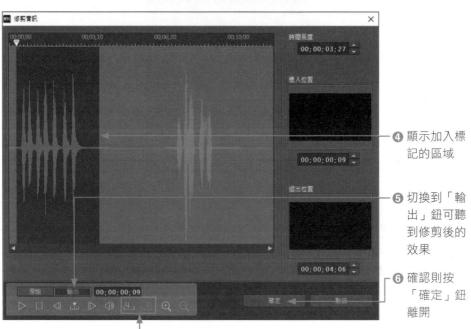

❹ 顯示加入標記的區域

❺ 切換到「輸出」鈕可聽到修剪後的效果

❻ 確認則按「確定」鈕離開

❸ 利用此二鈕加入起始標記與結束標記

6-2-6　音訊閃避

「音訊閃避」功能可以自動降低背景音樂或其他音訊的音量，讓影片中的對話或旁白配音更清楚。如下所示，「音訊閃避 .pds」中的背景音樂過大聲，已蓋過主講者的聲音，利用此功能即可快速修正背景音樂的音量。

❷ 選擇「工具」下的「音訊閃避」指令

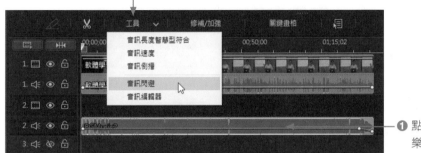

❶ 點選背景音樂

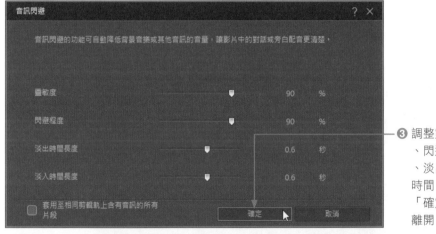

❸ 調整靈敏度、閃避程度、淡出／入時間，按「確定」鈕離開

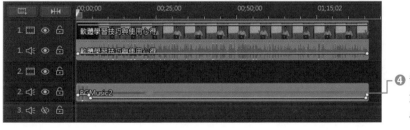

❹ 背景音樂的波紋馬上變小囉！

137

6-2-7 一次到位的音訊編輯器

音訊編輯器可以編輯音訊或視訊檔中的聲音，不管是調整音量大小、音調變換、男生／女生／兒童／機器人的人聲變音，還是回音、回響等，都可以透過「音訊編輯器」這項功能來完成。下面以視訊影片中的聲音做示範，讓主講者的音量變小，同時由男人的聲音變成機器人的聲音。

❶ 點選此視訊檔

❷ 由「工具」下拉選擇「音訊編輯器」指令

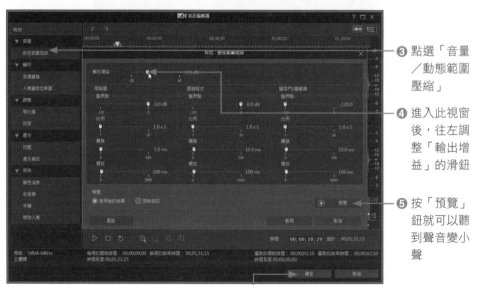

❸ 點選「音量／動態範圍壓縮」

❹ 進入此視窗後，往左調整「輸出增益」的滑鈕

❺ 按「預覽」鈕就可以聽到聲音變小聲

❻ 按「套用」鈕離開視窗

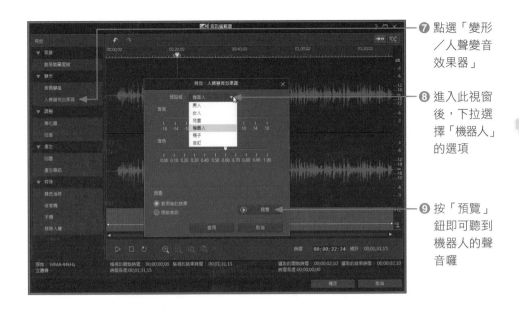

❼ 點選「變形／人聲變音效果器」

❽ 進入此視窗後，下拉選擇「機器人」的選項

❾ 按「預覽」鈕即可聽到機器人的聲音囉

6-3　錄製旁白語音 DIY

　　視訊中若要加入真人解說的旁白，錄音員最好先看過旁白內容，同時預先練習過，這樣在錄製時會比較順暢些。地點的選擇也很重要，盡量在安靜的環境中進行錄製，才會有好的錄音品質。錄製前記得將麥克風連接上電腦，同時調整音量的大小聲，再開始進行聲音的錄製。這裡介紹兩種錄音方法，首先是利用「檔案／擷取」指令來進行聲音的錄製與擷取。

6-3-1　從麥克風擷取聲音

　　執行「檔案 / 擷取」步驟指令，進入「擷取」視窗後按「從麥克風擷取」　　鈕，然後依照下面的步驟進行設定，就可以進行旁白錄製。

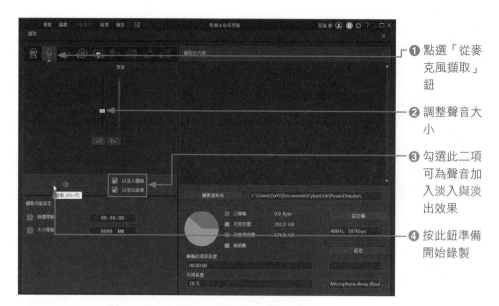

❶ 點選「從麥克風擷取」鈕

❷ 調整聲音大小

❸ 勾選此二項可為聲音加入淡入與淡出效果

❹ 按此鈕準備開始錄製

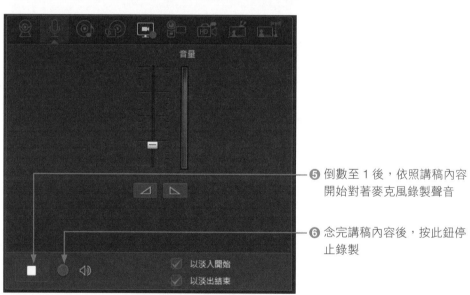

❺ 倒數至 1 後，依照講稿內容開始對著麥克風錄製聲音

❻ 念完講稿內容後，按此鈕停止錄製

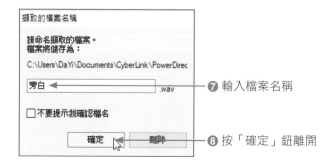

❼ 輸入檔案名稱

❽ 按「確定」鈕離開

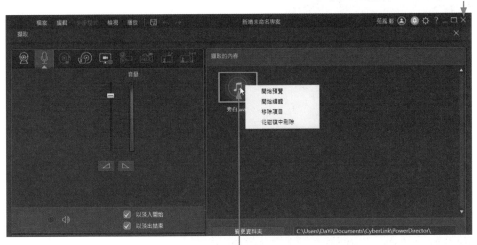

⑨ 擷取的音檔會先顯示在右側欄位中，按右鍵於圖示上可進行試聽或移除

利用此方式錄製的旁白聲音，通常是視訊內容尚未製作，單純錄製聲音，屆時讓視訊內容配合旁白解說內容來編輯。

6-3-2 即時配音錄製工房

假如你的影片內容已編修的差不多，現在只是要加入旁白來輔助說明，那麼可以選擇以「即時配音錄製工房」 <kbd>🎤</kbd> 來錄製旁白。因為從預視窗中可以直接看到編修的影片內容，因此錄音者可以跟著情境內容來進行解說。

❶ 按此鈕並點選「即時配音錄製工房」指令

❸ 按紅色「錄製」鈕

❹ 請依照預覽視窗呈現的畫面進行旁白説明

❷ 播放磁頭放在影片最前方

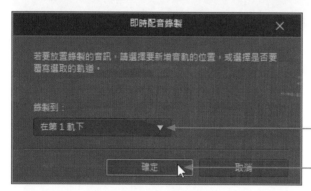

❺ 下拉設定要放置的軌道

❻ 按「確定」鈕離開

❼ 要停止錄製請按此鈕

❽ 錄製的聲音已自動顯示在配音軌中

6-3-3 錄音功能設定

在錄製語音旁白前，威力導演允許使用自訂聲音的品質，請在「即時配音錄製工房」 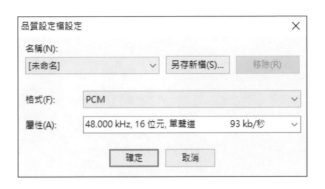 中按下「設定檔」鈕，將可在「屬性」欄位中選擇立體聲或單聲道。

另外，按「偏好設定」鈕可預先限制錄音的時間、延遲時間，以及自動淡入／淡出效果。

6-4 音訊混音工房

在編輯的過程中，除了視訊軌原有的聲音外，可能還會有旁白、音效、及背景音樂等聲音的出現，萬一每個軌道中的聲音都很大聲，那麼聽起來就會像吵架一般。或是背景音樂聲音過大而蓋過其他旁白與聲效時，那麼也可以利用「音訊混音工房」的功能來設定主／配角的關係。

6-4-1　控制聲音軌音量大小

在「音訊混音工房」中，那些軌道有聲音可以從面板上看到，如下圖所示，切換到「音訊混音工房」  時，你會看到「音訊 1」和「音訊 2」的音量控制鈕。

音量控制鈕

原則上先選擇要調整的軌道，接著由預覽視窗中按「播放」鈕播放聲音，再透過音量控制鈕做上下移動，就可以調整該軌的聲音大小。下面我們打算把背景音樂聲音變小，只要在播放時將「音訊 1」的滑鈕下移就可以搞定。

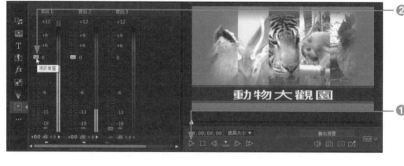

❷ 由此將聲音
往下拉，使
聲音變小

❶ 按「播放」
鈕預覽畫面
及聲音

6-4-2 音量控制點

經過混音處理後，聲波上會出現許多的控制點，對於不滿意的地方可直接拉動控制點的上下位置做修正。

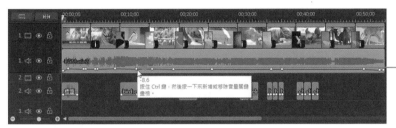

按下控制點使變成紅色，上下移動可修正聲音大小

6-4-3 增加／移除音量控制點

聲波上的音量控制點也可以自行增加或移除喔！請在藍色路徑上加按「Ctrl」鍵 + 滑鼠左鍵即可增加控制點。若要移除請按下左鍵不放，然後向上或向下拖曳到軌道之外即可移除。

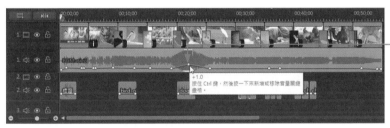

加按「Ctrl」鍵在藍色路徑上按下左鍵，即可新增控制點

MEMO

CHAPTER 07

創作文字特效
的關鍵密技

影片開場前加入標題文字，可讓觀看者在觀賞前就立刻抓住影片主題，通常畫面中會包含標題和副標題文字，副標題多為製作單位或是製作者的名字。影片的結尾文字則是用來謝幕，主要將參與製作的工作人員或協助單位列名於上，或是用來表達製作影片的感想。除此之外，字幕分散在影片當中，用於解説影片內容或對話內容，方便不同語言的人或聽障人士能了解視訊內容。本章我們將針對片頭標題的加入／修改、文字效果處理、文字背景的使用、字幕製作等主題做説明，讓各位也能靈活運用文字，為影片加分。

7-1 用文字工房玩文字

片頭標題的作用是讓觀賞者在進入影片觀賞前，能充分了解影片訴求的重點。影片中要加入標題文字，除了由「文字工房」 T 選擇預設的範本外，也可以上網到 DirectorZone 下載文字範本。

7-1-1 套用文字工房預設範本

當各位訂閱威力導演軟體後，「文字工房」 T 提供的範本相當多樣化，舉凡幾何圖形、簡約風格、時間、社群媒體、動感、3D、教學、致謝名單、新聞＆電視劇、對話框、已下載等一應俱全，縮圖右下角如果有 ⬇ 圖示，只要喜歡就可以下載下來使用。

由此下拉有各種類型可以選擇

未下載的範本可按此鈕進行下載

使用時只要點選範本縮圖，然後按下編輯列上的 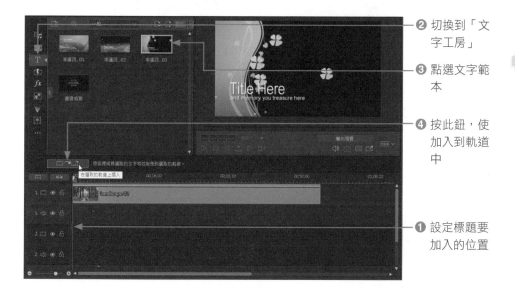 鈕即可將文字特效加入到軌道中，或是直接將縮圖拖曳到軌道中也可以辦到。

❷ 切換到「文字工房」

❸ 點選文字範本

❹ 按此鈕，使加入到軌道中

❶ 設定標題要加入的位置

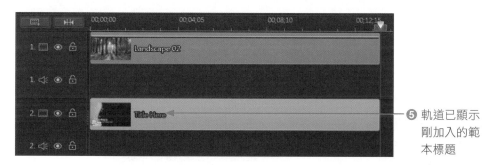

❺ 軌道已顯示剛加入的範本標題

從預覽視窗中，各位就可以看到標題範本與視訊軌素材結合的效果。

按「播放」鈕
觀看標題效果

7-1-2　修改範本標題文字

當各位將文字範本加入到軌道後，接著就是利用編輯列上的「工具」鈕選擇「文字設計師」指令，使進入「文字設計師」視窗來變更文字內容。

❷ 由「工具」
　鈕下拉選擇
　「文字設計
　師」指令

❶ 點選文字範
　本

4 由此欄位輸入標題文字

3 點選預覽視窗的文字方塊

5 在「字元預設組」標籤下點選想套用的縮圖樣式

6 按四角的控制點可縮放文字大小

8 確定效果則按「確定」鈕離開

7 按下「播放」鈕預覽效果

7-1-3 下載免費文字範本

在 DirectorZone 網站也有提供各種好看的文字範本，只要有登入個人帳號，在「文字工房」中按下「免費範本」的縮圖，就可以到 DirectorZone 網站下載和安裝免費範本。

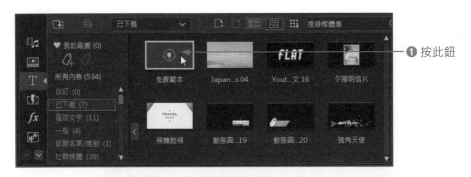

❶ 按此鈕

❷ 由此可切換
至「文字範
本」或「文
字特效範本」

❸ 選定範本後
進行下載

下載檔案後會顯示在瀏覽器的左下方，進行安裝後即可使用。

安裝後的文字
範本就會自動
顯示在文字工
房中

7-2　文字設計師的小技巧

在威力導演中製作文字，不管是修改範本或是自行新建，都會進入到「文字設計師」的視窗，這裡將針對文字設計師的使用作進一步的說明，讓各位也可以自訂出與眾不同的文字範本。

7-2-1　建立新的文字範本

想要透過「文字設計師」設計出專屬的文字標題，請在文字工房中按下 ![] 鈕，並下拉選擇「2D 文字」，即可進入「文字設計師」視窗。

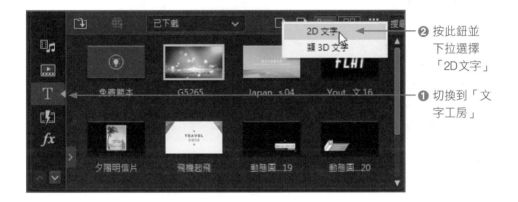

進入「文字設計師」視窗後，由於所提供的功能相當多，這裡先做個簡要的說明。

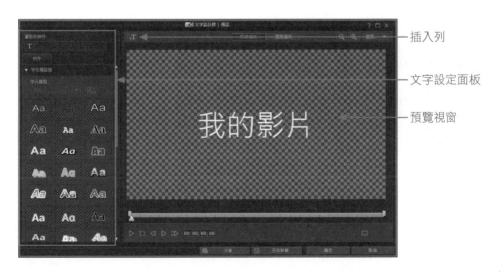

▶ **文字設定面板**：可為選取的文字物件輸入文字內容，並透過「物件」標籤來設定文字格式。

▶ **插入列**：提供文字的新增。

為了方便觀看所設定的文字效果，請在文字設定面板上方先輸入自訂的標題文字，這樣在加入各種文字效果時，就可以從預覽視窗中看到結果。

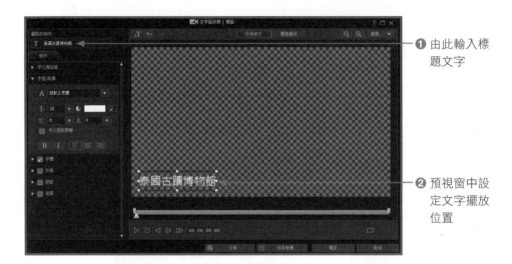

❶ 由此輸入標題文字

❷ 預視窗中設定文字擺放位置

7-2-2　設定文字物件屬性

在「物件」標籤中，除了直接從「字元預設組」的縮圖中選擇要套用的字元格式外，也可以從字型／段落、字體、外框、陰影、底圖等類別來選擇想要加入的效果。這裡將設定的屬性列表於下：

7-2-3　文字加入底圖

　　在一般狀況下，文字軌中的文字是將背景設為透明，所以可與視訊軌中的畫面結合在一起而成為文字的背景。當視訊中的背景圖比較花的時候，為了突顯文字的效果，你也可以為文字加入底圖，如下圖示：

實心底圖橫條　　　　　符合文字區域 - 橢圓形　　　　符合文字區域 - 圓角矩形

　　底圖的類型有兩種，一個是實心底圖橫條，一個是符合文字區域，可設定形狀為橢圓形、矩形、圓角矩形、或圓邊矩形。至於填滿的類型可為單色、雙色漸層或圖片，這些都是由「底圖」的屬性進行設定。

7-2-4　儲存自訂文字範本

　　所設定的文字效果完成後，為了方便以後再度使用，可以將它儲存為文字範本。請在視窗下方按下 🔲　另存新檔　鈕，就可以進行下圖視窗來設定範本名稱及範本縮圖。

設定完成後，標題處已顯示我們所設定的範本名稱，接著按下方的「確定」鈕離開文字設計師視窗，就可以在文字工房看到剛剛自訂的文字範本。

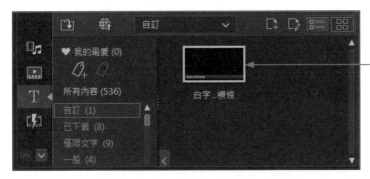

— 自訂標籤中已顯示剛剛加入的文字範本

7-2-5　修改自訂文字範本

自訂的文字範本不一定就達到盡善盡美的地步，若是尚未加到文字軌中，只要在縮圖上按滑鼠兩下，或是按右鍵執行「修改範本」指令，就能進入文字設計師視窗。

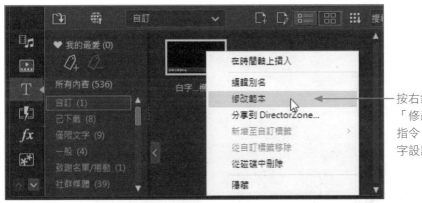

— 按右鍵執行「修改範本」指令，進入文字設計師視窗

7-2-6　加入其他文字方塊

文字設計師預設只有一個文字方塊可輸入標題文字，如需加入副標題，請使用 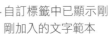 鈕來插入。

❶ 在「文字設計師」視窗中按下「插入文字」鈕

❷ 預覽視窗會出現文字方塊，直接在方塊中輸入文字內容

❹ 調整文字位置

❸ 依照需求選擇喜歡的文字效果

7-2-7　加入文字動畫與動作

剛剛設定好的文字如果覺得太單調，那麼就考慮加點動畫和動作吧！請由視窗上方的「快速模式」切換到「進階模式」，即可在視窗左側看到「動畫」與「動作」兩個標籤。

「動畫」標籤可為選取的文字加入開始或結束的特效,而「動作」標籤能設定文字移動的路徑,二者都是從縮圖中選擇要套用的效果,即可加入動態變化。

❷ 切換到「動畫」標籤

❸ 選擇「動畫進場」

要取消特效請按此縮圖

❶ 點選副標文字

❹ 點選要套用的效果縮圖

❻ 切換到「動作」標籤

❺ 點選標題文字

❼ 套用此縮圖效果後,將文字下移

❽ 按「播放」鈕預覽效果

套用預設的動畫路徑,不一定都剛好符合你的要求,不過你可以透過時間軸上的關鍵影格來進行調整。如上方的標題文字,套用的動作是由左往右移出,現在我們讓標題文字可以停留在左側不動,方式如下:

② 按右鍵執行
「移除關鍵
畫格」指令
使之刪除

① 依序選取左
側的兩個關
鍵畫格

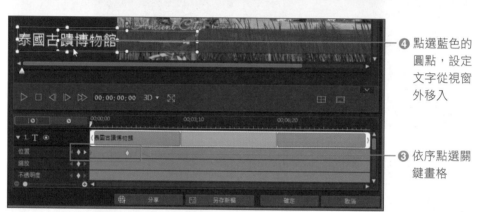

④ 點選藍色的
圓點，設定
文字從視窗
外移入

③ 依序點選關
鍵畫格

⑤ 設定完成按
下「播放」
鈕，即可看
到標題文字
移入後，副
標由四散的
點聚集成而
成文字囉！

7-2-8　時尚感十足的類 3D 文字

　　各位已經懂得利用「文字設計師」來設計 2D 文字標題,接下來還要介紹「類 3D 文字」功能,讓各位不需借用 3D 軟體也能作出類似 3D 的立體文字。我們一樣會進入「文字設計師」視窗,功能指令的使用技巧與 2D 文字相同,這裡主要針對 3D 文字的旋轉角度、貼圖效果、以及進入/結束的動態變化做說明。

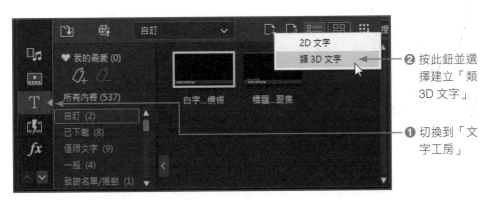

❷ 按此鈕並選擇建立「類 3D 文字」

❶ 切換到「文字工房」

❸ 按「插入背景」鈕插入「IMAG0843.jpg」底圖,選擇套用「延展」方式

❹ 由此輸入標題文字

❺ 由此調整文字大小

❻ 在「字體」
類別中調整
立體化程度

❼ 切換到「3D
旋轉設定」
類別，依序
設定 3D 立
體化選項

⑧ 切換到「3D 素材設定」，選擇想要套用的素材

⑨ 切換到「動畫」標籤

⑩ 在「動畫開始」中選擇想要套用的效果縮圖

⑪ 預覽後按「確定」鈕離開

另存範本

輸入自訂範本的名稱

3D立體文字

⑫ 輸入範本名稱

使用滑桿來標記您要做為範本縮圖的畫格

確定　　　　取消

⑬ 按下「確定」鈕

⓮ 類 3D 文字建立
完成

7-3 我的字幕設定

字幕通常應用在卡拉 OK 伴唱帶、旁白說明或是廣告台詞上。在威力導演中有提供「字幕工房」的功能,透過這項功能即可設定字幕出現的時間。在製作字幕前,請先利用「記事本」將所有文字內容輸入完成,以便待會將文字複製∕貼入。

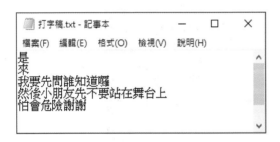

7-3-1 以字幕工房加入字幕

請開啟「字幕處理 .pds」檔並切換到「字幕工房」,現在要示範字幕的加入方式。原則上只要設定文字加入點、貼入文字、播放影片知道文字結束點,時間的部分威力導演會自動幫我們處理。

❶ 按「較多」鈕

❷ 下拉選擇「字幕工房」

❹ 按此鈕，在目前的位置上加入字幕

❸ 播放磁頭放在影片開始處

❺ 按滑鼠兩下使輸入或貼上文字

❻ 按「播放」鈕播放影片，以便確定該段文字的結束時間

❽ 按此鈕，在目前位置上加入字幕

❼ 播放磁頭移到下一個字幕出現的位置

❾ 同上方式依序完成字幕的加入

❿ 預覽時查看字幕的出現是否與字幕軌相互吻合

字幕軌

7-3-2 變更字幕文字格式

加入字幕後，接下來要利用 T 鈕來變更字幕的文字格式。

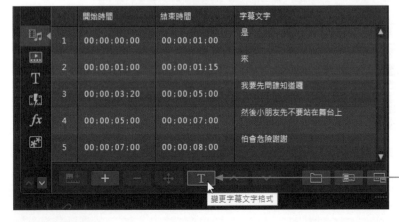

開始時間	結束時間	字幕文字
1 00;00;00;00	00;00;01;00	是
2 00;00;01;00	00;00;01;15	來
3 00;00;03;20	00;00;05;00	我要先問誰知道囉
4 00;00;05;00	00;00;07;00	然後小朋友先不要站在舞台上
5 00;00;07;00	00;00;08;00	怕會危險謝謝

❶ 按此鈕變更文字格式

② 變更字型、樣式與大小

③ 點選色塊可變更色彩

④ 修正後按「全部套用」鈕會套用到所有的字幕中

⑤ 預覽時就看到所有字幕已變更為黃色

7-4 補充：使用 ArtTime Pro 上字幕

在前一小節中，各位已經了解如何透過威力導演軟體來上字幕。將記事本中的文字依序「複製」和「貼上」到字幕工房中，再依照字幕出現的位置調整字幕軌的長短，這樣的製作需要耗費不少時間。如果你的工作是以上字幕為主，那麼這

裡介紹 ArtTime Pro 給大家認識，它能讓你更有效率地完成上字幕的工作。所以當各位完成影片的編修後，直接將影片輸出成 MP4 檔案備用即可。

7-4-1 下載 Arctime Pro

請自行在瀏覽器上搜尋關鍵字「Arctime Pro」，找到後請進行下載和解壓縮。

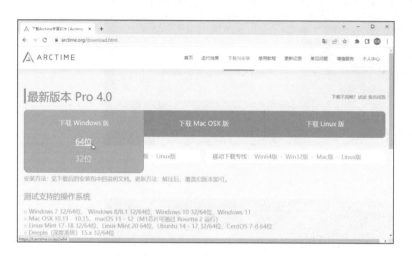

解壓縮之後，請在該資料夾中按滑鼠兩下於「Arctime Pro.exe」執行檔，即可啟用該程式。

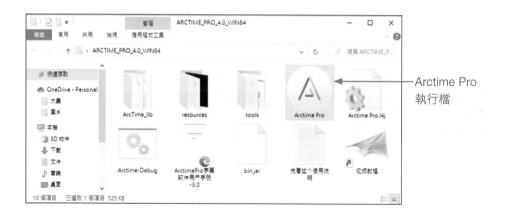

Arctime Pro 執行檔

7-4-2 匯入音視訊檔案

首先我們將要加入字幕的影片檔（或音訊檔）匯入進來，請在啟動 Arctime Pro 程式後，執行「檔案／匯入音視訊檔案」指令使開啟影片或音訊檔。這裡我們以影片檔做說明，因為加入字幕後可直接將影片檔輸出。

❶ 執行「檔案
／匯入音視
訊檔案」指
令

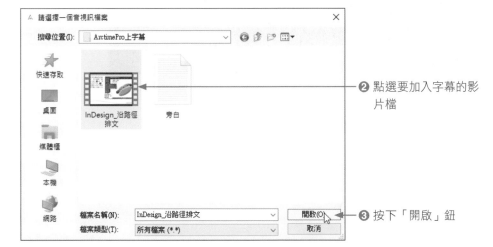

❷ 點選要加入字幕的影
片檔

❸ 按下「開啟」鈕

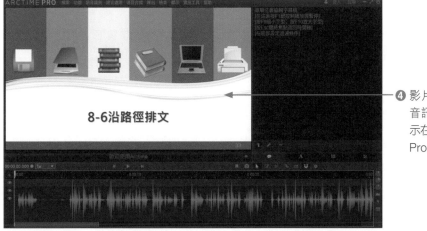

❹ 影片畫面與
音訊軌已顯
示在 Arctime
Pro 中

7-4-3　匯入純文字檔

　　影片加入到 Arctime Pro 之後，接著要把已經整理好的字幕匯入進來，請利用「檔案／匯入純文字」指令將文字加入至右側的欄位中。

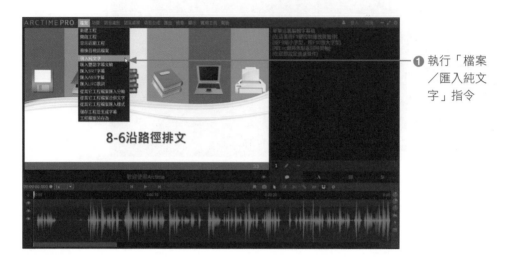

❶ 執行「檔案／匯入純文字」指令

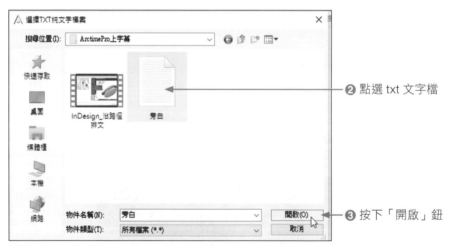

❷ 點選 txt 文字檔

❸ 按下「開啟」鈕

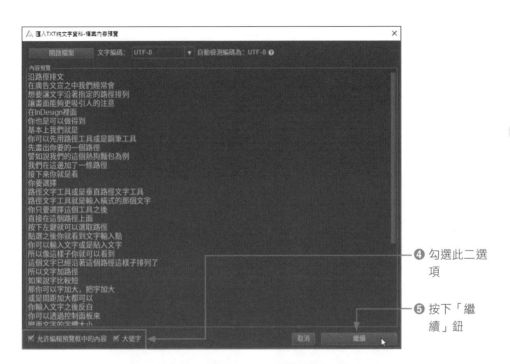

④ 勾選此二選
項

⑤ 按下「繼
續」鈕

⑥ 字幕內容已
顯示在右側
的欄框中

資料進入 Arctime Pro 後，請執行「檔案／工程檔案另存為」指令，先將檔案
儲存，方便日後再次編輯。

7-4-4　使用 JK 鍵拍打工具設定字幕時間值

Arctime Pro 有一個 JK 鍵拍打工具，可以讓我們一邊聽影片中的聲音，一邊透
過 J 按鍵來加入字幕。如果你怕講話的速度過快不好控制，可以將聲音播放的速
度變慢喔！設定方式如下：

❶ 播放磁頭放在最前端

❷ 由此下拉將播放的速度調慢

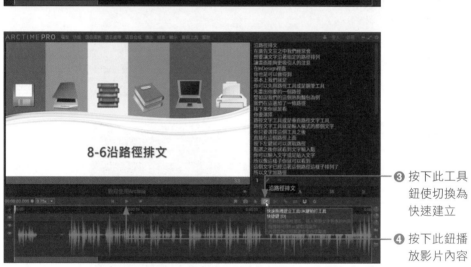

❸ 按下此工具鈕使切換為快速建立

❹ 按下此鈕播放影片內容

　　當聲音出現時，我們就按下「J」鍵，等該行字幕結束時就放開滑鼠，此時你會發現褐色區塊會自動顯示字幕，再按下「J」鍵褐色區塊再度出現，直到放開滑鼠該列字幕就會顯示文字，如下圖所示。

聲音出現時按下「J」鍵

聲音結束時放開「J」鍵，就會看到文字加入褐色區塊中

當所有字幕都加入到時間軸後，如果有設定不好的地方，只要拖曳褐色區塊的前後位置使調整長度，使它與聲波相符即可。

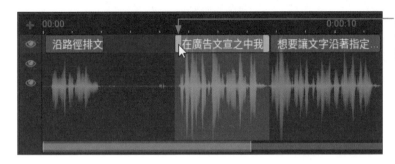

調整字幕前後的位置，使文字框蓋過聲波即可

完成設定時右側欄框的文字也會一一消失，跑到底下的褐色區塊中。完成之後按下「播放」鈕，就可以在影片下端看到字幕的效果了！如下圖所示：

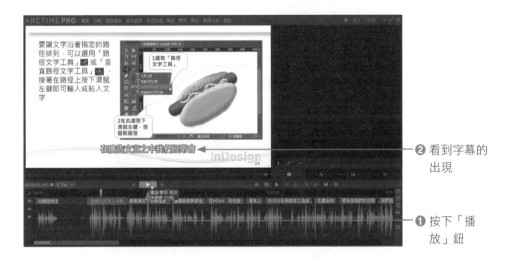

❷ 看到字幕的出現

❶ 按下「播放」鈕

7-4-5　編修字幕技巧

對於第一次上字幕的新手來說，如果你的手不夠靈活，無法一次就上完整個影片的字幕，或是上字幕的過程中有錯誤，想要即時修正，只要按下「播放」鈕暫停視訊即可。要再度上字幕時，請先確認一下快速建立鈕是否有按下即可。萬一文字有誤需要修正，按滑鼠兩下就可以進行修改。

❶ 按字幕兩下

❷ 修改文字後，按此鈕確定

7-4-6　變更字體樣式

預設的文字大小或效果如果不喜歡，你也可以進行變更修改。修正方式如下：

❷ 按下「編輯選定樣式」鈕

❶ 按此鈕

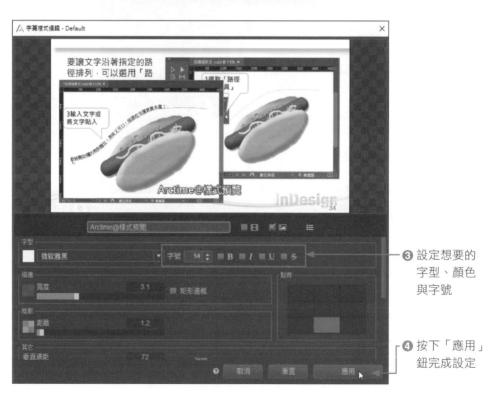

❸ 設定想要的字型、顏色與字號

❹ 按下「應用」鈕完成設定

7-4-7 從 Arctime Pro 快速壓製視訊

　　當你透過「播放」功能看完字幕在影片上顯示的效果後，就可以考慮將影片檔匯出。Arctime Pro 提供的匯出功能相當多樣，你可選擇將檔案快速壓製成視訊格式，也可以變成字幕檔案，再到視訊剪輯軟體中做整合處理。這裡我們介紹的是將檔案直接輸出成 mp4 格式，快速完成影片字幕的處理。

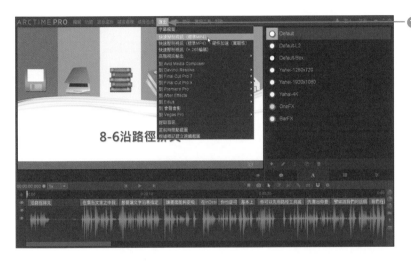

❶ 執行「匯出／快速壓製視訊（標準MP4）」指令

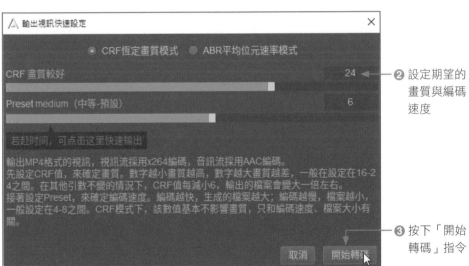

❷ 設定期望的畫質與編碼速度

❸ 按下「開始轉碼」指令

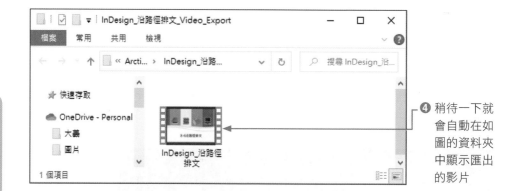

④ 稍待一下就
會自動在如
圖的資料夾
中顯示匯出
的影片

08

覆疊合成的
繪製美學

對於視訊影片的編輯，除了基本的影片修剪、串接、加入轉場與特效外，要讓視訊畫面看起來層次豐富又精彩，就必須對「覆疊」的使用有所了解。所謂「覆疊」就是重覆堆疊的意思，由於威力導演支援 100 軌的覆疊剪輯，只要軌道多，彼此之間的素材不會完全被遮掩住，就可以產生豐富且多層次的畫面效果。這個章節將針對各種素材的覆疊作介紹，同時告訴各位該如何覆疊素材，讓製作出來的影片能夠更具特色，與眾不同。

8-1 超人氣的覆疊應用

在威力導演中，有那些素材可以做覆疊？事實上，不管是視訊影片、相片、色板、背景、靜態物件、動態物件、畫框、炫粒、繪圖動畫、文字等，都是可覆疊的素材，而兩種以上物件覆疊一起就可以稱作「子母畫面」。

8-1-1 覆疊的精彩範例

如下面所示便是一個以上的物件相互堆疊而成的畫面。通常第一個視訊軌會放入滿版的畫面，第二軌之後的素材則會縮小比例編排在畫面之中，而文字也算是覆疊的素材之一。

三個去背物件與文字

子母畫面

去背的畫框物件

色板

炫粒效果（人物後面）　　　　　　　　　　　　　　遮罩效果

　　假如覆疊物是色板，色板可以整個覆蓋於第一軌的視訊或相片上，透過色塊的透明度調整，讓第一軌的素材透露出來，也可以運用部分的色塊，讓標題文字或字幕的顯現更清楚易見。

色板在文字下方可讓文字變清楚　　　　　　　色板也可完全覆蓋圖片或視訊

　　覆疊時若要加入不規則形狀的物件，只要利用繪圖軟體儲存成 PNG 格式，就是去背的影像物件，即可應用在第二軌之後的視訊軌中，它就能和第一軌的視訊軌素材結合在一起。

　　在畫框部分，不管是中空的、只有上框、下框，或是有柔邊效果的畫框，也都是儲存成 PNG 的去背圖形，就可以匯入到威力導演中使用。

中空的畫框　　　　　　　　　　　　　　　　　下框效果

其它像是炫粒效果和繪圖動畫，都算是覆疊的素材，除了到 DirectorZone 網站去下載範本外，自行利用「炫粒工房」也能建立，或是利用「繪圖設計師」來手繪圖案，都能產生不同的風味。

8-1-2 剪輯軌管理員

在預設狀態下，威力導演會有三個軌道供使用者運用，每個軌道可分別放置視訊和音訊。如果三個軌道都已填入素材，它會自動新增一個空白軌道出來，因此不需用到剪輯軌管理員的功能。除非要增加的軌道必須排列在特定軌之後，那麼就得利用剪輯軌管理員來幫忙。

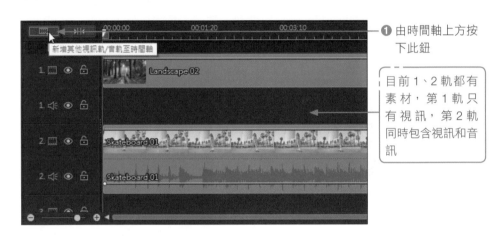

❶ 由時間軸上方按下此鈕

目前 1、2 軌都有素材，第 1 軌只有視訊，第 2 軌同時包含視訊和音訊

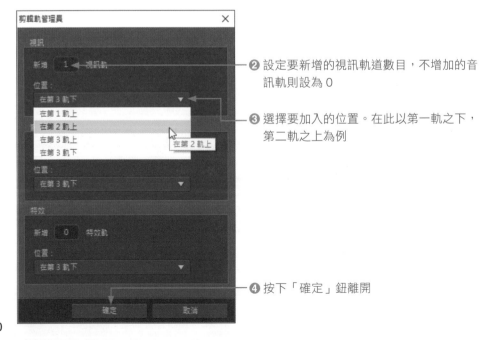

❷ 設定要新增的視訊軌道數目，不增加的音訊軌則設為 0

❸ 選擇要加入的位置。在此以第一軌之下，第二軌之上為例

❹ 按下「確定」鈕離開

⑤ 新增的視訊
軌道已顯示
在此

08

覆疊合成的繪製美學

8-2 覆疊工房

「覆疊工房」又稱為「子母畫面」，它提供各種的靜態／動態物件、繪圖
動畫等範本可以使用，也可以自行從圖片來新建子母畫面物件，或是連結到
DirectorZone 網站去進行下載。

這一小節除了針對「覆疊工房」的使用技巧做說明外，也會介紹「子母畫面設
計師」的運用技巧，讓各位從 YouTube 網站下載的綠幕素材，可以透過「子母
畫面設計師」來進行色度的去背處理。

8-2-1　子母畫面設計師

首先針對動態視訊來做「子母畫面」，也就是在一個大影像畫面上還有另一個
小的影像畫面，這種表現方式經常在電視新聞或是專訪的節目中看到。基本上我
們將運用到兩個視訊軌，視訊軌中可放入相同或不相同的視訊影片，端視各位的
需求。請開啟「子母畫面 .pds」範例檔，目前已在兩個視訊軌中加入相同的影
片片段，如圖示：

181

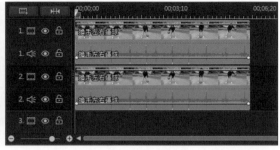

現在準備利用「子母畫面設計師」功能來設定子畫面的呈現效果,讓子畫面能夠被強調出來。方式如下:

❷ 按「工具」鈕

❸ 下拉選擇「子母畫面設計師」指令

❶ 點選第二視訊軌

❺ 勾選「外框」,並設定外框大小

❹ 將畫面縮小放置於右側

❻ 由此設定框線顏色

⑦ 勾選此項可
加入陰影的
距離和模糊
程度

⑧ 拖曳此鈕決
定陰影的角
度與方向

⑨ 按「確定」
鈕離開

子母畫面加入後，為了讓畫面的運球動作可以更清楚，可以使用「裁切／縮放
／平移」工具來剪裁畫面。

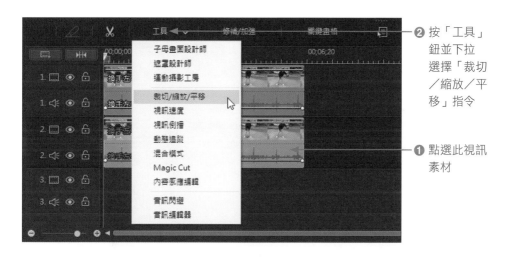

② 按「工具」
鈕並下拉
選擇「裁切
／縮放／平
移」指令

① 點選此視訊
素材

❸ 以滑鼠拖曳
出要顯示的
畫面大小

❹ 按「播放」
鈕查看修正
後的結果

❺ 確認後按「確定」鈕離開

❻ 子畫面修剪
完成

8-2-2　綠幕素材的去背處理

在 2-4-2 節中我們介紹過，如何透過 4K Video Downloader 到 YouTube 網站下載高畫質的綠幕素材，下載的素材可利用「子母畫面設計師」來進行色度的去背，讓素材與你的創意結合在一起。去背的方式如下：

❷ 點選第二軌的綠幕素材，由「工具」鈕
　下拉選擇「子母畫面設計師」指令

❶ 匯入「廣結善緣」與「金色飄落」兩個素材，並置於 1、2 軌中

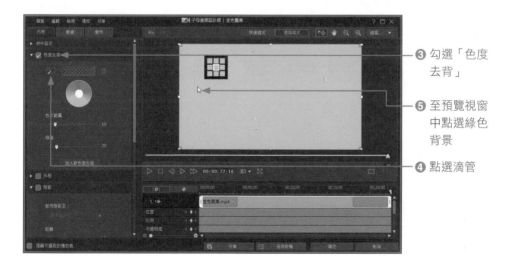

❸ 勾選「色度去背」

❺ 至預覽視窗中點選綠色背景

❹ 點選滴管

⑥ 調整色彩範圍

⑦ 調整降噪的數值

⑧ 按「播放」鈕預覽效果

⑨ 滿意則按「確定」鈕離開

8-2-3　加入覆疊物件

　　「覆疊工房」裡提供各種的物件，有繪圖物件、動態物件、靜態物件…等各種形式，使用時只要拖曳到軌道中就可以搞定。原則上屬於小型的物件就放在上層，如果想要使用畫框物件，可到 DirectorZone 網站去下載，再依照畫框的不同選擇放在上層或下層。

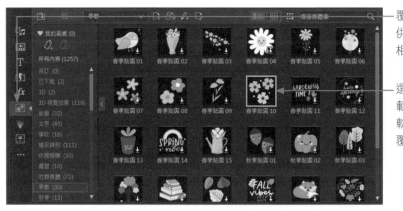

覆疊工房所提供的各種物件相當多樣化

選取物件，下載後，拖曳到軌道中就可以覆疊

8-2-4　從圖片建立新的子母畫面物件

　　萬一各位找不到適用於專案的物件，也可以自行設計外框樣式或圖案，只要是做了去背處理的圖檔，都可以直接在「覆疊工房」以新建的方式加入進來。

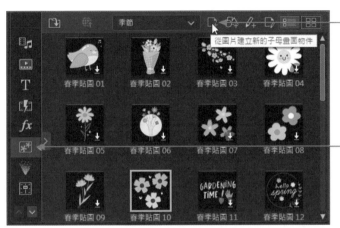

❷ 按此鈕,從圖片建立
新的子母畫面物件

❶ 切換到「覆疊工房」

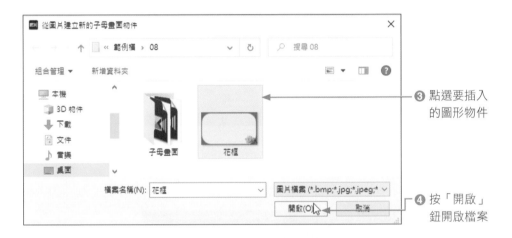

❸ 點選要插入
的圖形物件

❹ 按「開啟」
鈕開啟檔案

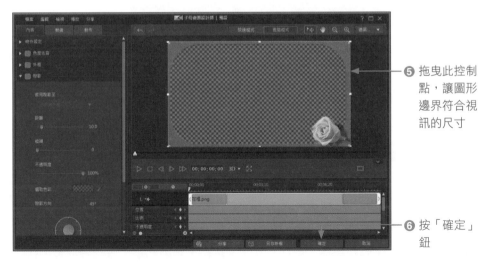

❺ 拖曳此控制
點,讓圖形
邊界符合視
訊的尺寸

❻ 按「確定」
鈕

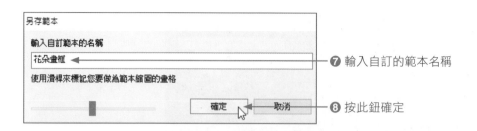

➐ 輸入自訂的範本名稱

➑ 按此鈕確定

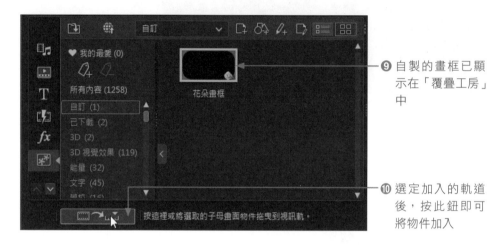

➒ 自製的畫框已顯示在「覆疊工房」中

➓ 選定加入的軌道後，按此鈕即可將物件加入

　　加入「覆疊工房」的物件，不管是想要再次修改屬性或是想要進行刪除，都可以在物件上按右鍵進行選擇。

按此修改範本屬性

8-2-5　多重物件的堆疊

　　學會如何透過「覆疊工房」加入各種物件後，就可以準備將視訊影片、相片、背景、靜態物件、動態物件、畫框、文字、炫粒、繪圖動畫、自製圖形等任何一種物件，分別放在同一畫面上的不同軌道中，如此多軌道堆疊在一起，就可以產

生豐富的畫面效果。如下圖所示，將自拍的三段影片分置於 1、2、3 軌，自製的靜態物件則放置於 4、5 軌中，而 2、3 軌的影片縮小放置於膠捲鏤空處，就可以在畫面上同時播放三段影片了。

自拍影片和自製靜態物件　　　　　　　　　影片與物件堆疊順序

五種素材堆疊後，畫面變豐富了

8-3　繪圖設計師

　　手繪繪圖動畫是威力導演在「覆疊工房」中的另一項功能，它是透過「繪圖設計師」讓使用者隨心所欲的繪製動態圖案，藉由此項功能，使用者就不用借用其他的繪圖軟體或動畫軟體來製作插畫圖案。繪圖設計師裡提供了鉛筆、粉筆、麥

克筆、蠟筆、筆、橡皮擦等工具可繪製圖案，還可自由調整筆的寬度和色彩。這一小節將針對手繪動畫的技巧做說明，讓各位也可以在視訊影片中輕鬆塗鴉。

8-3-1　建立手繪繪圖動畫

要在繪圖設計師中建立手繪動畫的方式很簡單，只要設定好工具、筆觸寬度與彩，同時設定期望要輸出的時間長度，就可以開始進行動畫的繪製。

❸ 按此鈕建立新的手繪繪圖動畫

❷ 點選「覆疊工房」

❶ 先將底圖插入，以便決定手繪動畫的比例大小

❹ 點選要使用的繪圖工具

❺ 調整畫筆寬度

❼ 由此開始錄製箭頭

❽ 設定輸出長度為 2 秒

❻ 以滑鼠吸取要使用的顏色　❾ 播放後確認沒問題就按「確定」鈕離開

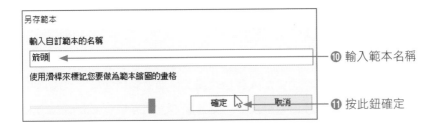

⑩ 輸入範本名稱

⑪ 按此鈕確定

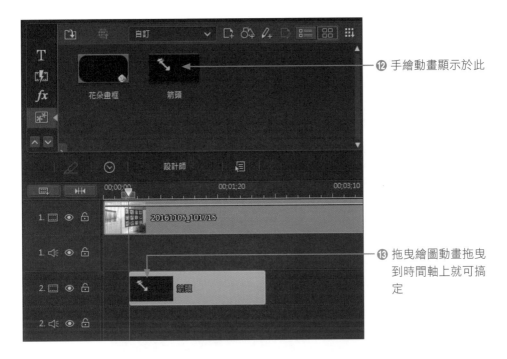

⑫ 手繪動畫顯示於此

⑬ 拖曳繪圖動畫拖曳到時間軸上就可搞定

8-3-2 修改選取的手繪動畫

手繪動畫繪製後不一定一次就到達滿意的地步，想要讓動畫跑的速度能加快或變慢，那麼就左右拉動素材的長度就可以變更。如圖示：

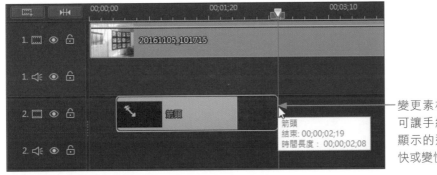

變更素材長度可讓手繪動畫顯示的速度加快或變慢

191

「炫粒工房」可在視訊畫面中加入各種炫麗又好看的顆粒效果，訂閱用戶可在工房中快速下載特效，另外也可以按下「免費範本」鈕連結到 DirectorZone 網站去下載炫粒範本。

按此圖鈕將連結到 DirectorZone 網站

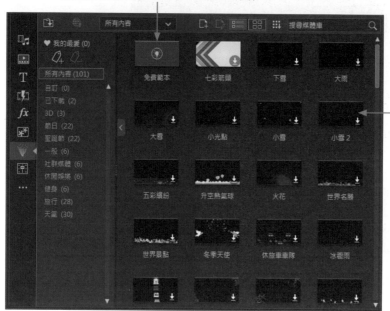

訂閱用戶可快速按此鈕下載與瀏覽特效

除了上網找尋炫粒效果外，也可以自行增設所需的炫粒效果，這小節將針對炫粒效果的套用、修改或新增的技巧做說明。

8-4-1 修改與套用炫粒效果

修改與套用炫粒效果相當簡單，這裡以「炫粒工房」中的「特效 -A」作為示範，讓各位可以快速修改範本的效果後再套用至你的素材之中。

微電影行銷養成術 影音剪輯實作攻略×社群媒體行銷

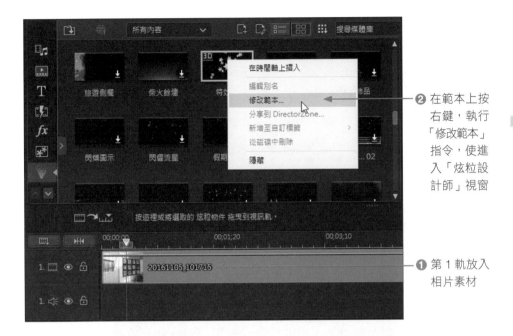

❷ 在範本上按
右鍵,執行
「修改範本」
指令,使進
入「炫粒設
計師」視窗

❶ 第 1 軌放入
相片素材

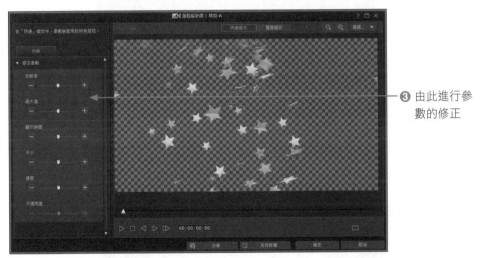

❸ 由此進行參
數的修正

　　除了直接修正原有範本的參數來快速編修效果外,也可以透過「進階模式」做
更多的變化,像是新增∕刪除炫粒、炫粒樣式、放射方法、色彩、淡化特效、
3D 設定、移動的路徑等,都可隨心所欲的調整。

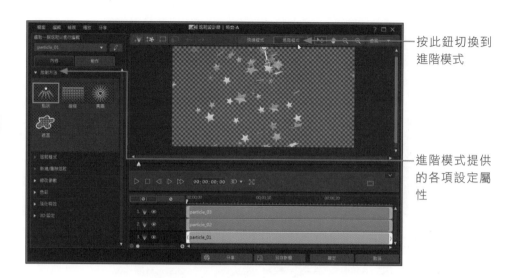

按此鈕切換到
進階模式

進階模式提供
各項設定屬
性

此處以「聖誕節／繽紛雪花」的炫粒範本做説明：

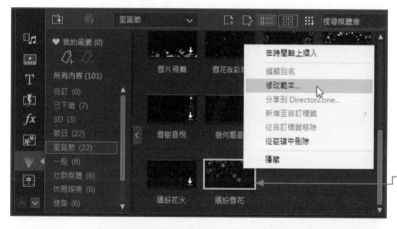

❶ 按右鍵執行
「修改範本」
指令

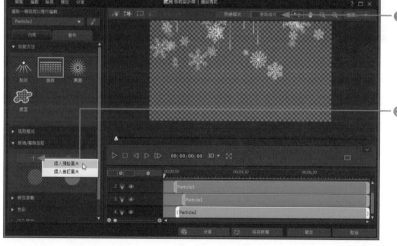

❷ 切換到「進
階模式」

❸ 切換到「新
增／刪除炫
粒」類別，
按「＋」鈕
點選「插入
預設圖片」
指令，準備
加入炫粒

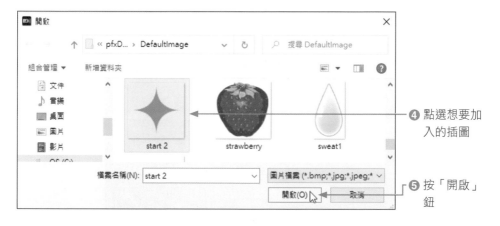

④ 點選想要加入的插圖

⑤ 按「開啟」鈕

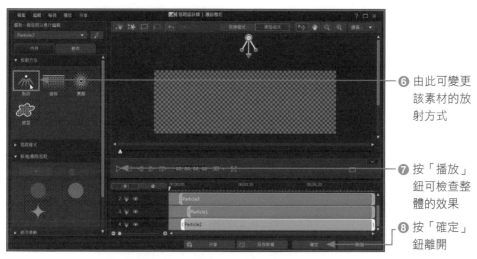

⑥ 由此可變更該素材的放射方式

⑦ 按「播放」鈕可檢查整體的效果

⑧ 按「確定」鈕離開

另存範本

輸入自訂範本的名稱

繽紛雪花+放射粉紅星

⑨ 輸入名稱

使用滑桿來標記您要做為範本縮圖的畫格

⑩ 按下「確定」鈕

⓫ 點選修改後的縮圖不放，直接拖曳到第二視訊軌中

⓬ 顯示套用後的效果

8-4-2　建立新的炫粒物件

除了套用與修改炫粒物件外，使用者也能自行建立新的炫粒物件，建立方法很簡單，因為威力導演有提供各式各樣的圖樣在「DefaultImage」資料夾中，選定圖案後，設定放射方法、炫粒樣式、3D 深度…等內容後，再選擇炫粒移動的路徑，就可快速完成。方式如下：

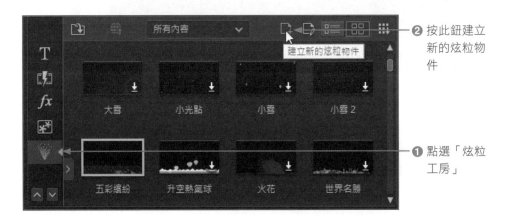

❷ 按此鈕建立新的炫粒物件

建立新的炫粒物件

❶ 點選「炫粒工房」

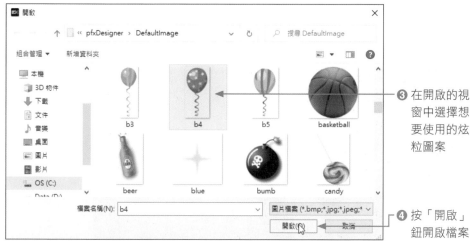

❸ 在開啟的視窗中選擇想要使用的炫粒圖案

❹ 按「開啟」鈕開啟檔案

❺ 按此鈕新增新的炫粒物件，並選取想要使用的圖案

如果有自行設計的物件想要插入進來，可按「+」鈕，再選擇「插入自訂圖片」的指令

❻ 顯示第二個加入的炫粒物件

❼ 要調整兩個炫粒物件的位置或內容設定，請利用下面兩個軌道做切換

接下來分別點選其中的一個炫粒物件來進行內容的設定。

❸ 選擇放射的方式　❹ 選擇炫粒的樣式

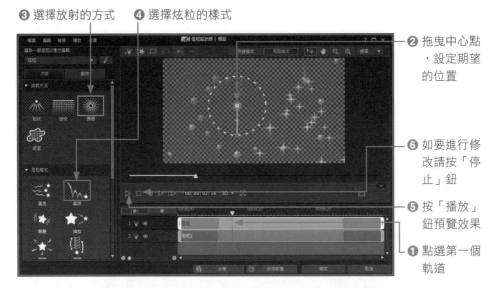

❷ 拖曳中心點，設定期望的位置

❻ 如要進行修改請按「停止」鈕

❺ 按「播放」鈕預覽效果

❶ 點選第一個軌道

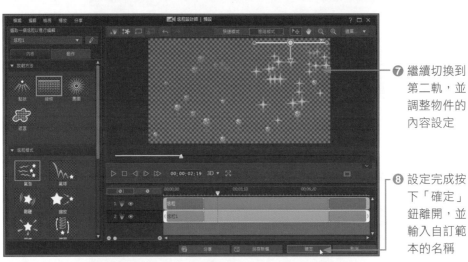

❼ 繼續切換到第二軌，並調整物件的內容設定

❽ 設定完成按下「確定」鈕離開，並輸入自訂範本的名稱

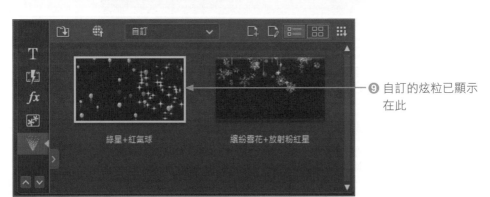

綠星+紅氣球　　　　繽紛雪花+放射粉紅星

❾ 自訂的炫粒已顯示在此

8-5 遮罩設計師

在做多軌道的物件覆疊時，遮罩也是一個不錯的選擇。威力導演有一項「遮罩設計師」的功能，除了可以選擇要套用的遮罩圖案外，還能設定遮罩移動的軌跡，所以各位不可不知。

8-5-1 套用遮罩

請開啟新檔並匯入「Flower」和「小孩」兩張圖檔，我們將針對第二視訊軌的影片進行遮罩的套用。

❷ 按「工具」鈕

❸ 下拉選擇「遮罩設計師」

❶ 點選要遮罩效果的軌道素材

❹ 在「遮色片」標籤中點選想要套用的圖案

❻ 拖曳四邊可調整遮罩的範圍與位置

❺ 這裡調整圖案邊緣模糊的程度

❼ 確認後按「確定」鈕離開

8-5-2　自訂遮罩圖案

如果你有特殊的需求，也可以自行利用繪圖軟體來製作專屬的遮罩圖案。設計遮罩時請以黑白色彩呈現，最後將圖案儲存成 bmp 格式，即可匯入到威力導演中使用。

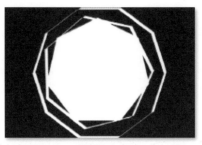

遮罩圖案.bmp

請直接進入「遮罩設計師」視窗，我們將利用「建立影像遮罩」　　鈕來插入 bmp 圖檔。

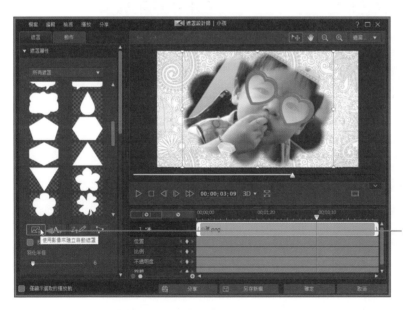

❶ 由「遮罩屬性」下方按下此鈕

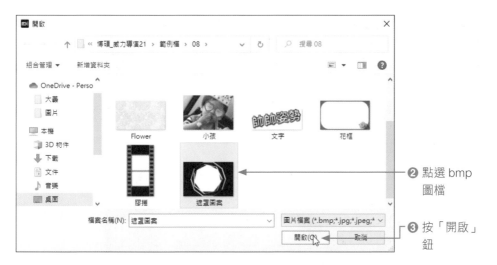

② 點選 bmp 圖檔

③ 按「開啟」鈕

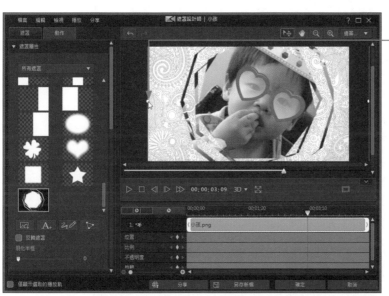

④ 自訂遮罩圖案已套用在影片上,再調整遮罩的大小與位置即可

8-5-3 設定遮罩移動軌跡

加入遮罩後還能設定遮罩移動的軌跡,請切換到「動作」標籤進行套用。如果有不適合的畫面,可針對關鍵畫格來進行修改。

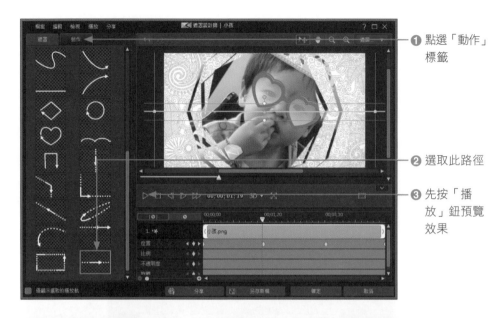

❶ 點選「動作」標籤

❷ 選取此路徑

❸ 先按「播放」鈕預覽效果

❺ 拖曳控制點進行遮罩位置的修正

❹ 點選想要修改的關鍵畫格

❻ 設定完成按「確定」鈕離開

8-6　色板堆疊

色板是放置在「媒體工房」  之中，看似平凡單調，但是很好用。不僅可以整個覆蓋於視訊或相片上，透過色塊的透明度調整來產生單色調的效果，也可以運用局部色塊，讓標題文字或字幕的顯現更清楚易見。使用技巧如下：

❶ 執行「檔案／開新專案」指令，然後點選「媒體工房」

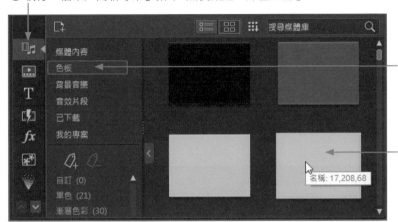

❷ 點選「色板」類別

❸ 選擇想要使用的色彩，並拖曳到第二軌道中

❹ 按右鍵於色塊

❺ 執行「編輯片段關鍵畫格／片段屬性」指令

❼ 由控制點調整色塊的寬度

❻ 取消「維持顯示比例」的選項

❽ 由此調整色塊的透明程度

❾ 顯現透明效果

8-7 混合模式工具

　　「混合模式」可以將你所選取的片段與時間軸上方軌道中的素材進行混合，讓影片加入獨特的重疊效果。要使用混合模式，請由時間軸點選素材後，由「工具」下拉選擇「混合模式」指令。如下所示：

❷ 按「工具」鈕，並點選「混合模式」指令

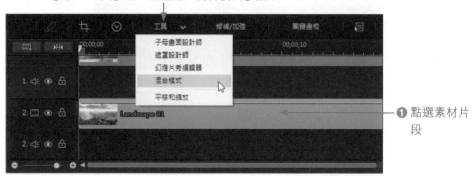

❶ 點選素材片段

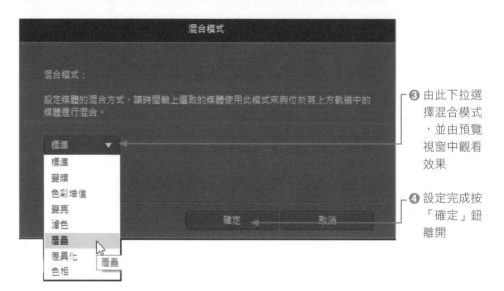

❸ 由此下拉選擇混合模式，並由預覽視窗中觀看效果

❹ 設定完成按「確定」鈕離開

❺ 顯示混合的
　　結果

MEMO

不藏私的設計
工具創意實務

威力導演提供豐富多樣的設計工具，能讓平凡的素材像變魔術般的產生各種效果，強化畫面的張力，加深觀看者的視覺感受。因此這裡將陸續為各位介紹幾項好用的設計工具，讓你輕鬆將這些工具運用到你的視訊影片當中。

9-1　平移和縮放工具

　　「平移和縮放」是威力導演在編輯工具列上所提供的一項魔術工具，它能神奇地將靜態圖片做縮放與平移的動作，讓靜態圖片也可以產生如視訊拍攝時的鏡頭縮放或平行移動的效果，因此善用此工具也能讓靜態相片產生動態效果。

9-1-1　靜態影像套用動作樣式

　　如果要為靜態影像加入動作樣式，請由時間軸上方按「工具」鈕，再下拉選擇「平移和縮放」指令，即可在「平移和縮放」面板中選擇動作樣式。

❶ 點選時間軸上的靜態圖片

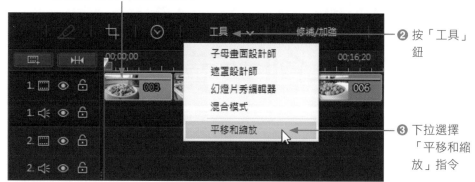

❷ 按「工具」鈕

❸ 下拉選擇「平移和縮放」指令

④ 由縮圖中點選要套用
的動作樣式

⑤ 素材左下角將顯示此
圖示，表示已加入動
作樣式

　　加入動作樣式後，若要將片段設回原始狀態，可按下 **重設** 鈕，那麼影片左下角的 **i** 圖示也會消失。

9-1-2　以動畫設計師自訂動作樣式

　　加入動作樣式後，如果發現效果與想像中的不同，想要自行調整動作樣式的細節，可按 **動畫設計師** 鈕進入「Magic Motion 設計師」視窗，再透過前後的兩個關鍵畫格或新增的關鍵畫格來設定移動的軌跡。

② 按「動畫設計師」鈕

① 點選已加入動作的素材

⑤ 拖曳四邊可以縮放顯示的區域

④ 移動藍色圓點，決定關鍵畫格的中心位置

③ 確認紅點位置，並將白色三角形鈕移到紅色菱形處

按此鈕可切換到下一個關鍵畫格

⑦ 移動藍色圓點，並設定關鍵畫格的畫面大小

⑧ 按「播放」鈕預覽效果

⑥ 移到結束處的關鍵畫格

⑩ 按下此鈕讓
該位置加入
關鍵畫格

⑨ 播放至一半時,按下「停止」鈕使畫面暫
停,可看到藍色圓點在路徑中央

⑪ 同上方式調
整關鍵畫格
的中心點與
畫面大小

⑫ 確認效果後
再按「確
定」鈕完成
自訂動作

　　學會多個關鍵畫格的動作設定,相信各位也躍躍欲試,想小試一下身手,讓這
些靜態的美食也能變得更動感。

9-1-3 套用至同類型所有片段

　　當各位設定了一個效果不錯的動作樣式後，如果想要將此動作樣式套用到同類型的所有片段之中，只要選定素材片段，按 全部套用 鈕就一切搞定。

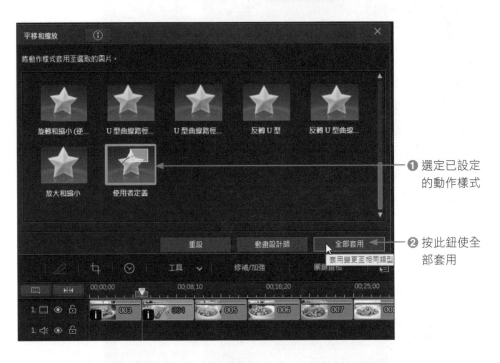

❶ 選定已設定的動作樣式

❷ 按此鈕使全部套用

❸ 顯示全部套用的結果

9-2 運動攝影工房的秘密

　　「運動攝影工房」主要是針對所拍攝的運動畫面進行修補與特效處理：在「修補」方面，可針對鏡頭校正、視訊穩定器、白平衡、色彩風格化等項目進行修護補強，這部分各位可參閱第四章的介紹內容，而「特效」方面則是針對時間移位特效與凍結畫面進行處理，我們將在此節中與各位做探討。

9-2-1　啟動運動攝影工房

　　想要使用「運動攝影工房」的功能，請在時間軸點選影片素材，由編輯工具列上按「工具」鈕，再選擇「運動攝影工房」指令，就能進入「運動攝影工房」視窗。

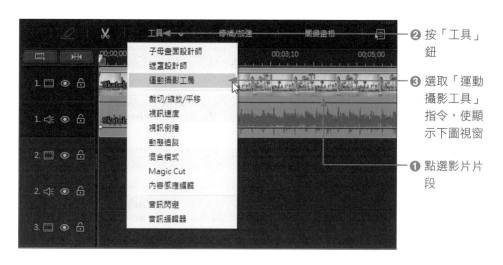

❷ 按「工具」鈕

❸ 選取「運動攝影工具」指令，使顯示下圖視窗

❶ 點選影片片段

「修補」標籤的使用請自行參閱第 4-5 節的內容

「特效」標籤所提供的設定內容

預覽視窗

時間軸

9-2-2　建立時間調整區域

一個影片片段中通常只有精采的部分需要做特效或加強的處理，因此使用者必須先指定時間區段，這樣電腦才能針對該區段進行特效的設定。但是在拉出黃色方框範圍前，請自行預覽影片內容，以便決定調整的區段。

❷ 按「建立時間調整區段」鈕

❶ 先將播放磁頭移到要建立的起始區域

❸ 出現黃色方框時，以拖曳方式設定要做特效的區域

9-2-3　套用重播和倒播特效

攝影動作工房允許使用者將選取的區段加入重播或倒播的特效，除了可決定播放的次數外，還可以選擇將特效套用在第一景或最後一景上。請在「特效」標籤點選「時間移位特效」的選項，並進行如下的設定。

設定為重播效果

設定後左上角顯示此圖示

9-2-4 套用慢動作或加速效果

　　想要讓區段的運動畫面變慢，以便欣賞細部動作，或是加快運動速度，顯現出急速的效果，都可以考慮勾選「套用速度效果」的選項，再透過加速器調整速度的快慢。

滑鈕向左，速度變慢，
滑鈕向右，速度加快

9-2-5 建立凍結畫格的放大效果

　　「凍結畫格」特效是將指定要凍結的畫格快照下來，然後再將該靜態影像插入時間軸的影格中。設定時除了可以指定凍結的時間長度，還可以為凍結的畫格加入放大的效果。設定技巧如下：

❷ 按「加入凍結
　畫格」鈕

也可以按此
鈕進行凍結

❶ 先決定要凍結
　的畫面位置

❸ 由此設定凍結畫格的時間長度

❹ 勾選「套用縮放效果」的選項

❺ 拖曳方框,決定縮放畫面的大小與位置

設定完成後請自行預覽,就會看到影片放大的效果,確認後按「確定」鈕離開即可,而影片片段在加入運動攝影工房特效後也會在左側顯示如下的圖示標記。

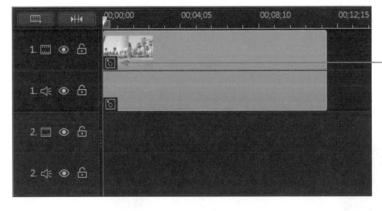

加入運動攝影工房
特效後的影片片段

9-3　動態追蹤

「動態追蹤」是把視訊中會動的物件當作追蹤的目標，然後將追蹤標的物與標題、媒體片段或特效等結合在一起，使得追蹤物移動時，所加入的物件／效果也會跟著移動。如下圖所示，自由落體的坐檯在哪，加入的聚光燈特效就跟著移動到哪。

要使用此功能，當然要先以選取方塊標示想要追蹤的目標物，接著開始進動態追蹤，最後再將想要呈現的物件效果加諸於影片上。

9-3-1　設定追蹤標的物

首先在影片中設定追蹤標的物的區域範圍，同時確定追蹤物的移動路徑。請在時間軸中點選影片片段，然後按下 ▐ 工具 ▼ ▌鈕並選擇「動態追蹤」指令。

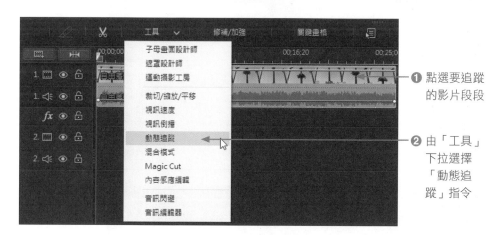

❶ 點選要追蹤的影片段段

❷ 由「工具」下拉選擇「動態追蹤」指令

④ 調整選取框的大小，使包含坐臺中的所有人物

③ 移動此滑鈕，使出現自由落體中的坐臺

⑤ 按下「追蹤」鈕開始動態追蹤

　　按 追蹤 鈕時影片會同時進行播放，請注意選取框的位置，如果選取框偏移坐臺，請按 追蹤 鈕使之暫停，然後再調整選取框的位置與大小。

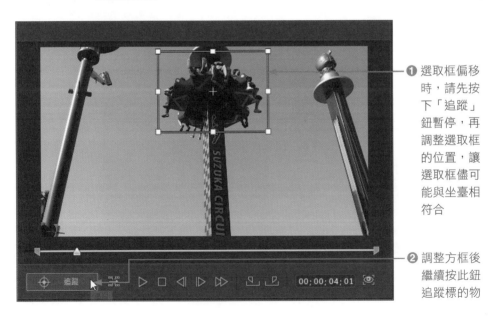

❶ 選取框偏移時，請先按下「追蹤」鈕暫停，再調整選取框的位置，讓選取框儘可能與坐臺相符合

❷ 調整方框後繼續按此鈕追蹤標的物

　　追蹤完成後，按下「播放」▷鈕查看追蹤的效果。如果不滿意可再按下 追蹤 鈕重新追蹤，那麼標的物的追蹤就會越來越精準。

9-3-2　加入特效物件

確定追蹤標的物後，接下來可以將想要表達的文字、物件或特效加到追蹤物上。在「動態追蹤」功能中所能加入的特效物件有如下三種類別：

▶ **文字特效**：可設定顯示的文字內容、位置與格式。

▶ **影像／子母畫面物件／視訊片段**：可從硬碟、媒體工房、或子母畫面物件工房匯入媒體片段。

▶ **特效**：可加入馬賽克、聚光燈、柔焦、高斯模糊等特效，並可設定加入特效隨著追蹤物件調整特效大小。

 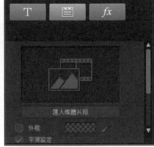 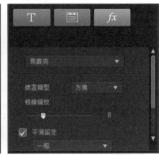

這裡我們以「聚光燈」的特效做示範，請將播放磁頭移到選取框出現的位置。

❷ 按下此鈕進行特效設定

❶ 播放磁頭移到追蹤器開始追蹤的地方

❸ 下拉選擇
「聚光燈」
效果

❺ 按「播放」
鈕預覽效果

❻ 確認後按
「確定」鈕
離開

❹ 設定漸層程度，並勾選其他三個選項，
使特效能夠隨追蹤物件調整大小

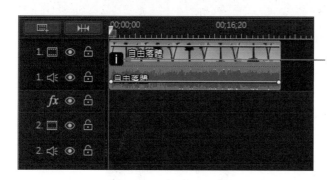

❼ 影片片段已顯示加入「聚
光燈」的特效

9-4 視訊拼貼設計師的編修技巧

「視訊拼貼設計師」是一個可以創作具有專業外觀的視訊編輯工具，它提供各
種的版面配置可以選用，只要將你的視訊影片匯入後，分別拖曳到版面配置區
中，接著調整各影片的長度就可以看到拼貼之後的效果，確認之後威力導演會自
動將拼接的成果新增至時間軸中。

微電影行銷養成術 影音剪輯實作攻略×社群媒體行銷

要使用「視訊拼貼設計師」功能，請由「外掛程式」功能表下拉選擇「視訊拼貼設計師」指令使進入「視訊拼貼設計師」的視窗，設定方式如下：

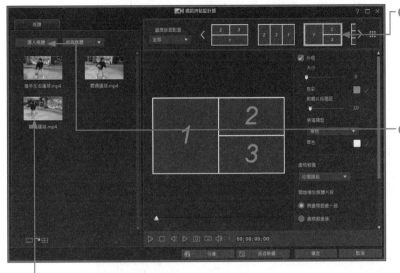

❶ 由此區先點選取要使用的版面配置，使版面顯示在預視窗中

❷ 按「匯入媒體」鈕將要使用的影片匯入

若預先匯入，素材會顯示於此

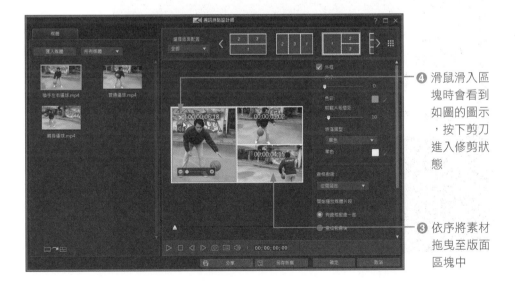

❹ 滑鼠滑入區塊時會看到如圖的圖示，按下剪刀進入修剪狀態

❸ 依序將素材拖曳至版面區塊中

這裡可看到
輸出的影片
長度

❺ 由此修剪影
片長度

❼ 設定完成按
「確定」鈕
離開

❻ 切換到「輸出」，再按「播放」鈕可看到輸出結果

❽ 按此鈕可縮
放影片比例
，拖曳可調
整影片人物
顯示的位置

❾ 依序將另一
影片調成相
同的長度

❿ 按此鈕預覽視訊拼貼的效果

確認拼貼的效果後按「確定」鈕離開，時間軸上就會看到拼貼完成的影片片段，同時左下角多出了 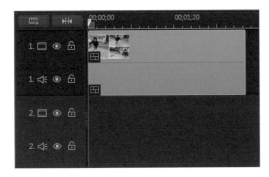 的圖示。預覽視窗也可以看到版面轉換的動態效果。

MEMO

引爆指尖下的
行動影音剪輯術

隨著 4G 行動寬頻、全球行動裝置快速發展，結合了無線通訊無所不在的行動裝置充斥著我們的生活，這股「新眼球經濟」所締造的市場經濟效應，正快速連結身邊所有的人、事、物，改變著我們的生活習慣，讓現代人在生活模式、休閒習慣和人際關係上有了前所未有的全新體驗。

當然威力導演也因應智慧型手機的普及，也推出了免費的行動裝置 App「威力導演行動版」，只要 Android 手機有安裝該 App，隨時都可以透過手機來播放或剪輯影片。威力導演行動版不但能快速剪輯影片，也支援音軌的剪輯，算是功能強大的行動影音創作工具。

10-1 下載威力導演行動版

想要透過 Android 手機來使用威力導演行動版，各位可以透過 Play 商店搜尋「威力導演」，找到該影片剪輯的 App，按下「安裝」鈕可以選擇安裝在手機或平板電腦，完成後就會在桌面上看到「威力導演」的圖示鈕。

❶ 在 Play 商店搜尋「威力導演」後，按此鈕安裝 App

❸ 安裝完成會看到威力導演圖示鈕

❷ 由跳出的視窗選擇安裝的裝置

10-2 建立新專案

手機已成功安裝完行動版 App，接下來可以開始進行專案的建立。請在手機桌
面上按下威力導演行動 App 圖示鈕  使進入該程式。接著先跳過訂閱的畫面，
按下「開始使用」鈕，按下「新增專案」鈕可開始新增專案。

❷ 按此鈕新增專案

❶ 按「開始使用」鈕

第一次使用該 App，首先必須「允許」威力導演取得你的視訊、相片、音樂
等媒體檔案，並將專案和製作的影片儲存到你的儲存空間，才能進行新專案的建
立。現在我們來建立一個新的專案，並為專案命名。

10-2-1　新增專案

要新增專案很簡單，按下「新增專案」鈕，然後輸入專案名稱，並依照需求設
定專案的顯示比例即可。

❹ 進入「新增媒體」視窗，可選擇影片、圖片、色板等素材

❶ 按此鈕新增專案

❷ 輸入專案名稱

❸ 選擇專案顯示比例

10-2-2　素材的使用

在「新增媒體」視窗中，各位可以看到「影片」、「圖片」、「色版」等三種類別，這是讓使用者選擇素材的地方，下方包含多個標籤，你可以透過由你的手機、shutterstock、iStock、pixabay、Google 雲端硬碟等處下載素材，如果手機中已有現成的素材，那麼由「全部」標籤下拉，可從 Camera、Facebook、LINE、Screenshots 等處搜尋素材。若素材儲存在 Google 雲端中，請選擇「Google 雲端硬碟」標籤，再登入個人的帳號。而在 shutterstock、iStock 等處，你可以透過「搜尋」功能來找尋所需的素材來試用，但這些出處的素材大多是要付費使用的；另外，按「色板」鈕則提供各種的底色可以選用。

手機中的素材是依相
機、社群、螢幕快照
等進行分類

Shutterstock 和 iStock
網站中的素材可進行
搜尋和試用

Pixabay 提供各種的影
片可進行下載使用

色板提供的預設色彩

10-2-3　加入素材至時間軸

對於素材有所了解後,各位可以先按下左上角的  鈕回到時間軸視窗來加入
素材,這裡以圖片做說明。

❶ 按「圖片」鈕,至
「新增媒體」視窗
中點選兩下要使用
的素材

❷ 加入素材會顯示在
覆疊軌中

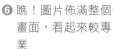
❻ 瞧！圖片佈滿整個
畫面，看起來較專
業

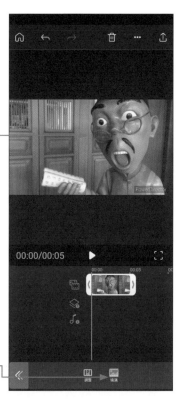

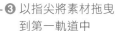
❸ 以指尖將素材拖曳
到第一軌道中

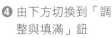
❹ 由下方切換到「調
整與填滿」鈕

❺ 加入素材會顯示在
覆疊軌中

了解素材加入的方法與屬性的調整後，接下來依序按下左下角的 《 回到上一
層，然後加入您要的素材，就可以完成影片的串接。

10-2-4　影片預覽與繼續編輯

── 預覽影片效果

── 白框表示素材點選狀態下，
可由下方的功能鈕編輯素
材

功能鈕的層級切換，可依 ──
序回到上一層選單

在上圖視窗中按下 鈕即可預覽影片的效果，預覽影片時，時間軸上的藍色線為播放磁頭，也就是預覽視窗上所看到的畫面。當影片播放完後，如果想要回到影片的最前面，只要將手指由左向右滑動時間軸上的影片就可以辦到。如需編修或調整素材，只要點選素材使出現白框，即可由底下的功能鈕來進行效果或屬性的設定。如果要繼續加入其他的影音／相片等素材，請按下左側的 鈕回到素材選擇區繼續編輯喔！

10-2-5 插入與修剪背景音樂

當各位將所要的視訊或圖片素材都排列到時間軸後，若要加入背景音樂，請在底端按下「音訊」鈕，接著點選「音樂」，即可從手機上、Shutterstock、Google 雲端硬碟、PowerDirector 等處選擇音樂。

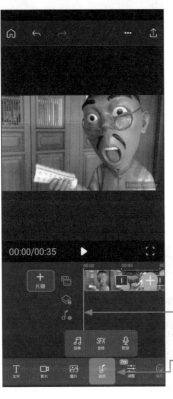

❸ 選擇 PowerDirector

❹ 點選音樂類型

❶ 播放磁頭放在最前端

❷ 點選「音訊」，再點選「音樂」

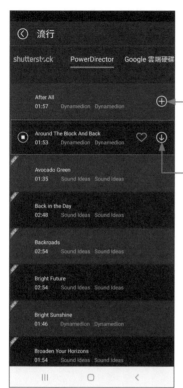

❻ 已下載過的音樂，
按下「＋」鈕可加
入至影片中

❺ 尚未下載過的音樂
可以試聽和進行下
載

❼ 拖曳白框使音樂與
影片同長度即可

　　萬一背景音樂的長度比影片內容短，只要持續拖曳相同的音樂到音樂軌中，使
兩個聲音素材互相連接，同時讓聲音長度比視訊影片長就可以串接音樂。

10-2-6　匯出專案與輸出影片

　　完成影片的編輯後，你可以考慮將此專案儲存在手機當中，也可以直接分享到
Facebook、Instagram 或 YouTube 等社群網站，或是匯出專案至訊連雲，請按
下右上方的 🔼 鈕可看到各種輸出方式。特別注意的是，在媒體內容輸出完成
前，請勿離開「輸出並分享」的畫面，否則無法完成輸出的動作。當輸出完成
後，可將影片分享出去，也可以再為影片加入片頭喔！

❶ 設定要輸出的解析度

❷ 按「輸出」鈕進行輸出，影片會儲存在手機當中

❸ 輸出完成按此鈕離開

10-3 開啟並編輯現有專案

　　對於先前利用威力導演行動版 App 所編輯過的專案，隨時可以利用瑣碎的時間再度開啟專案來繼續編輯，要開啟現有專案，請在視窗中直接點選專案名稱即可進入編輯狀態。

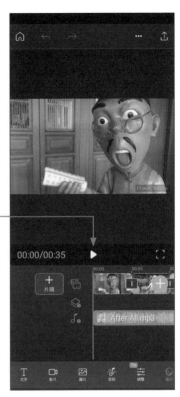

❶ 點選要編輯的專案名稱

❷ 進入該影片的編輯狀態

10-3-1　加入片頭影片

在前一小節中,我們只學會了加入圖片/影片素材,以及背景音樂的處理,看起來會很單調,學會了開啟現有的專案來編輯,這樣就可以利用空閒時間來繼續編修影片。首先我們來為影片加入片頭影片,威力導演提供的片頭影片相當多樣化:節慶、美妝、商業、設計、教學、活動、時尚、美食,找到喜歡的就可以下載起來修改喔!

❷ 由上方先選擇類別

❶ 按下「片頭」鈕加入片頭影片

❸ 點選喜歡的範本

❹ 按此鈕使加入您的影片中

❺ 依序點選文字框

❼ 由此三鈕可以變更文字的對齊方式、字體樣式、色彩、外框

❻ 由上方的文字框即可修改文字內容

10-3-2　編修素材屬性與特效

　　威力導演是一個非常人性化的軟體，它會依據你所選擇的素材而顯示相關的設定鈕讓你進行編輯。如下所示，當我們編輯文字素材時，由下方的工具鈕可變更文字的對齊方式、字體樣式、色彩、外框等屬性；編修圖片素材時，可由下方設定濾鏡、特效、柔膚工具、調整與填滿、背景；編修聲音素材時，則可控制音量大小、聲音的速度、混音效果；而點選素材與素材之間的小方塊，則是編輯轉場，可在下方自動顯示各種轉場效果讓您套用。也就是說，當你點選素材後，只要由底端的按鈕就可以加入相關的特效，而創作視訊影片，就是利用指尖點選各個按鈕來套用看看，讓畫面看起來更吸引人就對啦！

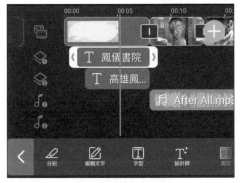

編輯文字素材

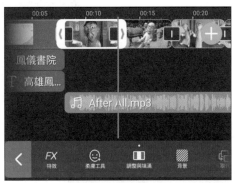

編修圖片素材

編輯聲音素材

編輯轉場效果

237

10-3-3 創意疊加與貼圖

視訊影片要豐富，除了第一軌的影片素材或圖片素材外，可以多加善用覆疊軌。加入的覆疊物件可以是文字、圖片、影片，此外，也可以按下「貼圖」或「創意疊加」鈕來加入有趣且特別的素材。

覆疊軌 ────

由此可加入覆疊物件 ────

如下所示，點選「貼圖」鈕，選用「新上架／火焰」，就可以在書上加入火焰的效果，讓書本著火，符合畫面中老師露出驚訝的表情。

❸ 由此鈕可控制物件的大小

❶ 點選「貼圖」鈕，選用「新上架／火焰」

❷ 將素材移到覆疊軌中

10-3-4　加入濾鏡與特效

　　除了覆疊物的使用外,「濾鏡」和「特效」功能也是許多人所愛用的功能。點選「濾鏡」或「特效」鈕後,下方會出現一列的效果,直接點選圖示鈕即可套用,如要取消濾鏡或特效,可點選「無」。

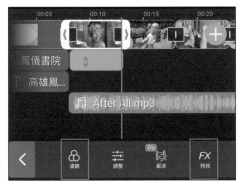
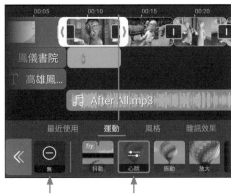

　　　　　　　　　　　　　　　取消套用　　套用效果

　　有關威力導演行動版的應用就介紹到這裡,希望各位也能輕鬆透過指尖來編輯你的專屬影片。

MEMO

11

創造微電影的
心動行銷

　　現在已經堂堂進入了數位影音行銷時代，企業為了滿足網友追求最新資訊的閱聽需求，透過專業的影片拍攝與品牌微電影製作方式，可以讓商品以更多元方式呈現，不但貼近消費者的生活，還可透過影音行銷直接增加的雙方參與感和互動。尤其隨著 YouTube、Facebook、Instagram 等社群網站的興盛，任何視訊影片皆可上傳至社群上與他人分享，只要影片夠吸引人，就能在短時間內衝出超高的點閱率，進而造成轟動或是新聞話題。也因為如此，很多廠商紛紛趕搭微電影行銷的列車，許多行銷人員也看中微電影小而美但傳播力強的特性，透過微電影進行產品廣告或品牌宣傳。

　　如下圖所示，是「買氣紅不讓 Instagram 視覺行銷」一書的宣傳片，簡單的底色配上動態的文字和插圖效果，也可以輕鬆表現創意和構想，讓更多人能夠解該書的特點。https://youtu.be/yo7HUf0QOYE

11-1 微電影製作全思維

各位想要利用微電影來達到訴求目的與宣傳效果,那麼如何製作的流程就不可不知,這裡提供一些讓大家事半功倍的建議與思維供各位做參考,目的是幫助各位確認傳達對象與釐清主題方針,讓事情進行的很順利,免走許多冤枉路。只有完整規劃內容,聚焦導引觀眾,同時注重整體氛圍的安排,才能在眾多的影片中脫穎而出,讓觀看者用零碎的時間觀看。流程簡要說明如下:

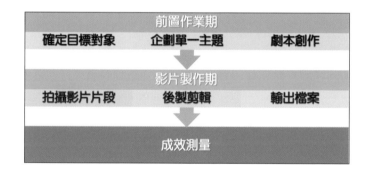

11-1-1 前置作業期

前置作業期是影片實際開拍前的準備工作,這裡包含了如下三個重點:

＼確定目標對象 ／

製作影片之前,首先要確定你的目標對象,不管是年輕人、上班族、兒童、老年人,每個年齡層都有不同的喜好,當然傳達的方式也會迥然不同。例如對象是兒童,視覺表現就要活潑、快樂、可愛、俏皮,色彩表現也較為豐富鮮明。針對女性為對象,那麼甜美的、柔和的色調可能較為合適,柔性訴求較易被女性所接

受。男性則以沉穩、氣派、成熟、穩重的視覺效果較為適宜。依照你的目標對象投放他們的喜好，這樣宣傳效果的成功機會會比較高。

＼企劃單一主題／

微電影與觀眾溝通的方式不外乎二種：一種是以情感故事作為訴求，透過一系列的劇情來引起觀賞者的共鳴，進而採取行動。另一種則是透過主題式的情節完整地闡述概念和想法，以置入性行銷的手法來達到推廣的目的。

主題發想階段通常耗費的時間會比實際拍攝的時間來得長，因為好的主題構思可以引起共鳴，它是拍攝的核心，也是影片是否成功的主要關鍵。由於微電影的影片短，絕大多數都是在移動中或工作休息時等零碎時間來觀看，因此建議在影片開始時就要馬上傳達重點，而且只強調「單一」主題，使觀賞者覺得「具有觀賞的價值」，這樣也能預防觀賞者跳離視訊。

如前面所示的「買氣紅不讓 Instagram 視覺行銷」的宣傳片，一開始就告知適合的對象包括企業主、企業行銷窗口、產品經理等，讓這些客戶覺得有繼續觀看的價值。

＼劇本創作／

確定拍攝主題後，接著就是創作劇本。通常一個主題可能會包含數個小單元，每個小單元所陳述的重點只有一個，並且要和主題相呼應才行。這裡以一個例子和大家做説明：

▶ **產品說明**：油漆式速記多國語言雲端學習平台

油漆式速記多國語言雲端學習平台（http://pmm.zct.com.tw/trial/）：這是一套結合速讀和速記訓練，加上多感官刺激來達到超強記憶效果，讓記憶就像刷油漆一樣，凡刷過必留下痕跡。

▶ **目標對象**：學生或上班族

▶ **企劃主題**：用手機玩單字，走到哪玩到哪

推廣手機版 App，讓學生或上班族可以透過智慧型手機，隨時隨地都能使用「油漆式速記速記訓練系統」來增加自己的外語單字能力。善用短暫的時間來記憶單字，讓單調乏味的單字在不知不覺中成為永恆的記憶。

▶ **劇本創作**：以小學生和上班族作為主角人物，號稱「單字二人組」。單字二人組不管是在麥當勞之類的餐飲店、文化中心之類的休憩場所，或是在捷運站、公車站等待大眾交通運輸工具時，都可以利用短暫的時間來速讀和測驗單字。

基於上述的規劃，因此一系列的影片將分別在餐飲店、休憩場所、交通站等地作拍攝。透過智慧型手機就可以馬上選擇單字範圍作速讀，並且馬上做測驗，以便了解單字記憶的情況，不熟悉或答錯的單字也可以馬上看到答案，增強用戶的印象。透過這樣平凡的生活情節，讓觀賞者產生共鳴，日積月累的輕鬆記下大量的單字。

這些前置的工作都可以先行在紙上作業，把相關的問題與取景角度都構思完成後，再依照計畫來進行資料的收集與拍攝工作。各位不妨利用「分鏡表」將劇情腳本表現出來，你可以使用繪圖分鏡，也可以只用文字進行說明，其目的是用來說明各鏡頭的構圖、框景、攝影機運動方向，甚至轉場方式。這樣的意念影像化可確保故事與鏡頭的流暢，也可以作為與工作人員溝通的橋梁，讓意見的分歧降到最低，提升日後的剪輯效率。

分鏡表可作事前周詳的考慮，確保在後製剪接時，精確的傳達主題

這個影片重點就在於「用手機玩單字，走到哪玩到哪」，期望這樣的情節規劃可以引起學生和上班族的共鳴，進而群起效仿，達到善用短暫時間來增強個人的單字量。這樣的置入性行銷手法確實可達到推廣的目的，在消費者的心中建立好感，進而促進購買的慾望與行為。

當各位前置的企畫做得越詳盡，資料蒐集越豐富，可以讓各位對該主題有更深切的認識，同時了解主題製作的難易程度。深刻了解主題並作分析判斷，再將自己的見解融入其中，這樣才能完整呈現作品的內涵。只要得到目標群族的認同，影片被分享到各社群網站的機會就大為提高，其能見度也會比一般的傳統媒體來的快速。

11-1-2 影片製作期

影片製作期包括拍攝影片片段、後製剪輯、輸出檔案三個部分。下面簡要說明：

╲ 拍攝影片片段 ╱

首先根據想做的主題去蒐集相關資料，如上面的範例就必須先選定餐飲店、休憩場所、交通站等景色較佳的場所，先拍攝二人組所在的場所位置，接著找到可休憩的地方，再以智慧型手機進行速讀跟測驗的畫面。智慧型手機拍攝的好處是，當你按下錄製鈕影片就會開始拍攝，再按一下影片就結束而成為一段影片片段。

在拍攝部分，取景構圖是主題的具體表現，每個人的審美觀不同，構圖也不會相同。但是切記主體一定要簡潔，畫面要協調，不要雜亂無章。另外，同一個主題也可以多角度來拍攝，近景／中景／遠景都可以拍攝，如此一來方便將來剪輯和配樂時的取材。

╲ 後製剪輯 ╱

影片拍攝完成後，接下來的剪輯與後製工作，當然就是利用威力導演之類的視訊剪輯軟體來處理。把你利用智慧型手機所拍攝的相片、影片，透過 USB 傳輸線連接至桌上型電腦，只要「允許」存取裝置上的資料，電腦就會將手機當成一個外接式硬碟來存取。接著利用作業系統中的檔案總管切換到手機存放的相片或影片資料夾，以拖曳方式即可將素材複製到電腦上使用。

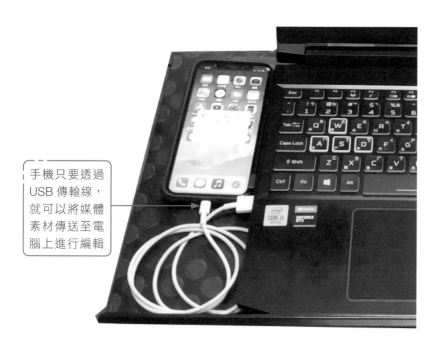

手機只要透過
USB 傳輸線，
就可以將媒體
素材傳送至電
腦上進行編輯

　　舉凡串接影片、動態效果設定、加入轉場、特效處理、字幕、配上旁白、背景音樂等，還有各種豐富的設計工具，本書都有詳盡做說明，保證讓大家輕鬆上手作剪輯。所以只要熟悉軟體的各項功能，配合你的腳本適時地加入，並作視覺的強化，就能讓影片看起來吸睛動人。

　　不過在後製剪輯前，最好先確認一下影片的規格與輸出大小，因為不同的社群網站或平台所要求的影片格式並不相同，廣告宣傳片也是一樣。以 Instagram 的動態廣告或限時動態廣告為例，影片格式是使用 *.mp4 或 *.mov 格式，影片長度在 15 秒以內，除了 9:16 的直式畫面外，也可以使用橫向或正方形的畫面，一般建議的解析度為 1080px＊1920px。臉書廣告格式則包含圖像廣告、影片廣告、精選集廣告、輪播廣告、輕影片、全螢幕互動廣告等多種類型；其中，影片廣告的長寬比為 9:16 或 16:9，輪播廣告則是 1:1 長寬比。進行後製前先確認規格尺寸和輸出用途，避免做完後發生不適用的情形。

＼輸出檔案 ／

　　完成的影片最後就是要輸出成影片檔格式，因為在威力導演中所儲存的專案格式 -*.pds，這是軟體特有的格式，沒有威力導演的軟體是無法讀取，所以必須將完成的影片輸出成常見的視訊格式，才能轉寄給他人欣賞或是上傳到社群網站進

行宣傳。各位只要在功能表右側點選「輸出檔案」鈕,就可以看到各種的標準 2D 格式或常用的線上網站。

除此之外,各位不一定要等到整個視訊專案都製作完成後,才將影片輸出成視訊檔。你也可以依需要將腳本內容適時地切割成若干單位,針對每個小單位進行編輯後立即輸出,最後再將這些小單位的影片串接成一個大的影片。如此操作的好處是,一旦某些部分需要修改增刪時,比較不會影響到其他部分的編輯,並且將大影片切割成小單位編修,可方便多人的分工合作,加快專案編輯的速度。如果應用在商品的廣告行銷上,每個獨立的小影片也可以輕鬆的混搭成新的影片,這樣也可以降低製作的時間和成本。

大專案可以由多個小專案的輸出影片串接而成→

小專案的影片如需修正,只要編修小專案內容後,再重新匯入

11-1-3 影片成效測量

影片製作完成輸出後,不管是放置在社群網站上與粉絲分享,或是投放廣告加強推廣,都要時時地進行成效的測量。影片成效的測量並不難,通常各大社群網站都有提供相關的數據可供參考。以 YouTube 社群網站為例,觀看次數及喜歡/不喜歡的人數都可以做為你參考的依據。

另外，按下影片下方的「數據分析」鈕會進入如下的視窗，除了可以查看觀看次數、總觀看時間、曝光次數、曝光點閱率等資料，也可以知道觀眾的性別、年齡層、國別等各項資料，這些資訊都可以作為影片宣傳或廣告投放的參考。

如果製作的影片是放置在 Facebook 的粉絲專頁上，粉絲專頁的管理者可以透過「洞察報告」來清楚了解每個宣傳影片受喜好或關注的程度。

粉絲專頁的洞察報告可看出貼文或影片的觸及人數與參與互動程度

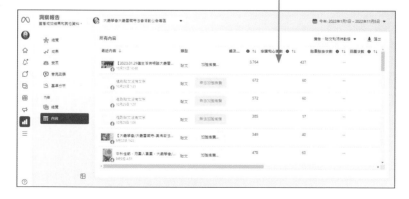

你也可以點選影片標題進入如下的視窗，也可以查看影片和貼文的成效，了解觀眾的動態、觀看率、按讚次數、留言等，了解影片成效才能作為下回修正的依據。

11-2 拍出你的影片生活誌

　　不管你製作視訊影片的目的是為了商品的行銷宣傳、為特殊目的而拍攝影片，或是只作為家庭成員生活的紀錄，這裡提供一些意見供各位參考。所謂的「台上一分鐘，台下十年功」，唯有平時不斷的練習拍攝，拿穩相機、站穩腳步的忠實記錄生活所見、所感、所思、所聞，或出外旅遊時記錄和觀察奇景軼事，以及多方的演練才能精進自身的拍攝基本功夫。也唯有拍出好的影片素材才能盡情發揮創意，製作出引起他人共鳴的好影片。

11-2-1　視訊拍攝器材

　　想要走到哪裡拍到哪裡，隨身攜帶的拍攝器材可不能太重，才不會被重重的設備給壓垮，而失去拍攝的活力。因此小而精、小而巧的數位相機、數位攝影機、或智慧型手機便是各位的最佳選擇。盡量在選購時就挑選具備高畫質、變焦效果、閃光燈、防震等設計的機種，這樣可以讓各位在拍攝時更加得心應手。

以智慧型手機為例，目前很多廠商也開發許多的相機 App 軟體，除了提供高清相機的專業版外，也有超級變焦的相機，讓你輕鬆就將遠處的影像拉進來拍攝，而不需要再另外攜帶其他變焦鏡頭。各位不妨從 Play 商店去搜尋看看！試用幾款相機 App，讓你智慧型手機在手就能完全搞定。

Play 商店有各種的相機 App 或變焦相機可以下載使用

如果你喜歡自拍，現今流行的自拍神器也相當好用，除了可以不受拘束地想拍就拍，多節的伸縮調桿，讓拍遠或拍近都變得輕鬆，用自拍棒拍照的話，一個人也可拍出寫真的效果。手機鏡頭夾也有提供特效可打造不同的效果，另外，手機夾所附的後視鏡頭，讓自拍者能輕鬆拍下美美的照片，出外旅遊有了它真得是方便好用。

11-2-2　取材多樣化

想要讓視訊內容豐富且多彩多姿，最忌諱的就是生活流於流水帳。因此請善用您那美麗的眼睛，從日常生活的食、衣、住、行當中的瑣碎細節去放大觀察，再

透過會思考問題的大腦去感受，在與人交談中的小事中也能說出個人的感想；或是讚頌真善美，或是揭發醜惡的一面等，都可以列入取材的項目。

除此之外，你也可以記錄參與的各項活動，或是閱讀書報雜誌時記錄自己的學習心得，或是對周遭事物的看法與評價。生活周遭的素材便是如此源源不絕，取之不盡。

11-2-3　時時摘記備忘

在拍攝後，對於拍攝的年／月／日、地點、天氣狀況、對象，及人／地／時／物的相關資訊，最好能夠做個簡要的摘記或心得，便於日後回憶當時的情境。因為人的記憶有限，時空久遠之後可能都忘的一乾二淨，而且製作視訊影片時只有影像沒有說明，觀賞者較難感受到你想傳達的意念或主題。

11-2-4　妥善管理檔案

由於智慧型手機的容量有限，建議在拍攝之後最好盡快將手機中的素材拷貝至其他硬碟中存放，再從手機中刪掉已備份好的素材，好讓手機隨時都擁有足夠的空間可以預備拍攝新的相片影片。

備份的檔案最好依照類別或時間妥善的保存，同時包括所摘要的備忘文字，等拍攝的素材足夠時，就可以根據所設定的主題來製作令人驚艷的視訊影片。在檔案管理方面，最好視訊影片、影像檔、聲音等都能夠分門別類的存放。同時記得多備份一份，免得硬碟壞掉時，所有的心血都付諸流水。

目前有許多的雲端硬碟可以讓你備份檔案，像是 Google Drive、OneDrive、Dropbox 等都是不錯的選擇。以 Google Drive 為例，申請 Google 帳戶就可以免費取得 15GB 的 Google 雲端硬碟空間，如果覺得空間不夠大，還可以購買額外的儲存空間。

在 Google 網站先登入個人帳號,接著就可以由右側的圓圈下拉選擇「雲端硬碟」指令

OneDrive 則是微軟公司所推出的網路硬碟與雲端服務,只要擁有 Microsoft 帳號即可取檔案。對於免費的使用者,OneDrive 提供 5GB 的儲存空間,如果有邀請新的使用者加入,則邀請者和被邀請者都可獲得 0.5GB 的額外儲存空間。要上傳檔案至 OneDrive,只要輸入如下的網址,同時選擇「前往我的 OneDrive」,就可以上傳檔案。

❶ 輸入網址:https://www.microsoft.com/zh-tw/microsoft-365/onedrive/online-cloud-storage

❷ 按此鈕登入個人帳戶

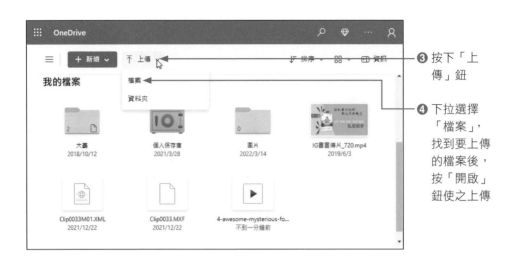

③ 按下「上傳」鈕

④ 下拉選擇「檔案」，找到要上傳的檔案後，按「開啟」鈕使之上傳

　　由於視訊影片所佔的檔案量很大，硬碟空間當然是越大越好，而已經剪輯過的專案與素材可利用「輸出專案資料」來將專案與所有素材一併打包，再考慮燒錄成光碟存放。

11-3 達人必學的攝錄影關鍵技巧

　　各位在了解微電影的製作流程，也決定使用智慧型手機的「相機」功能來記錄生活，最後我們還要各位探討攝錄影的技巧，期望各位拍攝出來的視訊影片，都是可用的影音素材。

11-3-1 掌鏡平穩，善用輔助物

　　要拍出好的視訊影片，最基本的功夫就是要「平順穩定」。因此，雙腳張開與肩膀同寬，才能在長時間站立的情況下，維持腳步的穩定性。當手上拿著攝影機時，儘量將手肘靠緊身體，使它成為身上的穩固支撐點，屏住呼吸不動，這樣就可以維持短時間的平穩拍攝。

觀景窗距離眼睛遠，手肘沒有依靠，單手
持機拍攝，都是造成視訊影像模糊的元兇

　　除了拿穩拍攝的手機外，盡量尋找週遭可以幫助穩定的輔助物，也可以讓各位
拍起來很輕鬆。譬如：在室內拍攝時，可利用椅背或是桌沿來支撐雙肘；如果是
在戶外拍攝，那麼矮牆、大石頭、欄杆、車門等靜止物，就變成各位最佳的支撐
物，避免因身體不穩而造成視訊畫面搖晃的窘境。如果要做運鏡處理，那麼建議
使用腳架來輔助取景，以方便做平移或變焦特寫的處理。

利用周遭環境的輔助物做支撐，可增加拍攝的穩定度

11-3-2　不同視角展現多樣視覺構圖

　　一般人在拍攝時都習慣以站立姿勢拍攝場景與對象，事實上這種水平視角的拍攝手法，畫面會變得平常而沒有變化，因為看太多了沒有感覺。如果能採取坐姿、蹲姿、跪姿，讓身體保持低姿式來拍攝，拍攝出來的仰角畫面就會給人新鮮的視覺感受，尤其是拍攝高聳的主題人物，也會更具有氣勢。

採用低姿勢拍攝，視覺感受的新鮮度會優於站姿

　　除了高視角或低視角進行拍攝外，「平拍」手法在 Instagram 社群中相當流行，所謂「平拍」是將拍攝主題物放在自然光充足的窗戶附近，採用較大面積的桌面擺放主題，並留意主題物與各裝飾元素之間的擺放位置，透過巧思和謹慎的構圖，再將手機水平放在拍攝物的上方進行拍攝。由於拍攝物與相機完全呈現水平，沒有一點傾斜度，所以稱為「平拍法」。這種拍攝的方式安全而且失誤率低，各位不妨也嘗試看看，視覺構圖更豐富多樣。

「平拍手法」不一定得在平面的桌面上進行拍攝，只要主體物和相機是採用水平方式進行拍攝，也能產生不錯的畫面效果，如下圖所示：

11-3-3　一個主題不失焦

在拍攝時最好一次只拍攝一個主題，不要企圖一鏡到底，看到什麼就拍什麼。因為在視訊剪輯時，通常都會運用各種鏡頭來表現主題，例如：參觀一個展覽或表演，可以先針對展覽廳的外觀環境做概述，接著描寫展覽廳的細節、表演的內容、以及參觀的群眾，最後再加入自己的觀感，透過不同角度的拍攝來讓觀看者了解這個展覽或表演。當然，預先構思腳本可以讓各位拍攝時更胸有成竹，如果沒有預先計畫，也儘可能一個鏡頭一個主題，不要企圖從外到內就一鏡完成，否則拍攝出來的效果一定讓人看得頭昏眼花，暈頭轉向。

至於每個鏡頭拍攝的時間並沒有一定標準，通常靜態的景物拍攝時間可以較短，對於冗長的拍攝內容，也可以透過縮時攝影的功能來加快播放速度，或是透過「拍攝視訊快照」功能擷取部分影像畫面來做串接，也可以讓人有耳目一新的視覺感受。同一個主題，時間允許的話還必須考慮以遠景、中景、近景三種方式來拍攝，如果是拍攝人像，則全身景、七分身、半身、近拍、特寫等鏡頭都要考慮進去，這樣在串接畫面時可增加視訊的豐富度。特別注意在起拍與結束時，都要稍微讓視訊畫面停頓一下，以免重要鏡頭在串接時，被加入的轉場效果給遮掩掉了。

11-3-4　活用變焦鏡頭

　　所謂「變焦」是指以 Zoom In 或 Zoom Out 的方式來改變取景，Zoom In 鏡頭容易引起觀賞者的目光，而 Zoom Out 鏡頭則可以表達遠離的概念。透過鏡頭的縮放來改變畫面的大小，這樣會讓視訊變得較豐富。但是要注意的是，入鏡的第一鏡頭與最後一個鏡頭最好能停留個 3-5 秒鐘，鏡頭變換的速度不可太快，才能留給觀賞者體會主體物之美，同時避免因鏡頭流動速度過快，而使觀賞者產生眼睛暈眩的現象。

11-3-5　採光處理小撇步

　　攝影的光源有「自然光源」與「人工光源」兩種，自然光源指的就是太陽光，這是拍攝時最常使用的光源，它會因為季節、天候、時間、地點、角度的不同，而呈現多樣的變化。像是日出日落時，被攝物體會偏向紅黃色調，白天則偏向藍色調，又如晴天時，拍攝物體的反差較強烈，陰天則變得較柔和。

斜光是由被拍攝物的斜角方向照射過來，較具立體感

逆光是由被拍攝物後方照射而來的光線，效果較差

順光是拍攝物正對著光線，光線充足但是沒立體感

　　太陽東升西落，光源位置不同，也會影像到畫面的拍攝效果。如果被拍攝物體正對著太陽光，這種「順光」所拍攝出來的物體會變得清楚鮮豔；不過，雖然光線充足，但是立體感會較弱。如果光線是從斜角的方向照過來，陰影的加入會讓主題人物變得更立體。若是正中午拍攝主題人物，光源位在被攝物的頂端，容易在人像的鼻下、眼眶、下巴處形成濃黑的陰影。「逆光」則是從被拍攝物的後方照射而來的光線，因此如果背景不夠暗，容易造成主題變暗，拍攝者較不容易掌控畫面效果。所以掌握最佳的光線時間與角度，是拍攝者必須下工夫的地方。

逆光攝影會讓主體輪廓線
更鮮明，易形成剪影效果

陰影可增加立體感

MEMO

12

微電影實作
高手之路

這個章節我們將以威力導演 21 做示範，完整告訴各位如何匯入媒體素材、串接影片、編修視訊、加入片頭效果、轉場特效、錄製旁白和配樂，最後將專案成果輸出至 Youtube 社群，期望各位都能將所學到的功能技巧應用在微電影的專案設計中。

12-1 匯入素材與儲存專案

啟動威力導演後，先將專案顯示比例設為「16:9」，選用「時間軸影片編輯器」使進入威力導演程式，我們先將媒體素材匯入進來並完成專案檔的儲存，以利之後的檔案儲存。

② 按「匯入媒體」鈕

③ 下拉選擇「匯入媒體資料夾」指令

① 點選「媒體工房」

④ 選取「素材」資料夾

⑤ 按「選取資料夾」鈕開啟檔案

⑥ 執行「檔案
／儲存專
案」指令

⑦ 輸入名稱

⑧ 按「存檔」
鈕完成專案
的儲存

12-2 版面編排設計

儲存專案檔後，接著要開始編排素材的先後順序，設定素材出現的時間長度，
同時運用覆疊軌來增加畫面的豐富程度。

12-2-1 編排素材順序

在這個範例中，先插入一張白色的色板當作片頭畫面的底色圖案，接著放置「旋
轉木馬」和「草衙道電車」兩段影片，最後是草衙道的地圖，請依此順序加入素材。

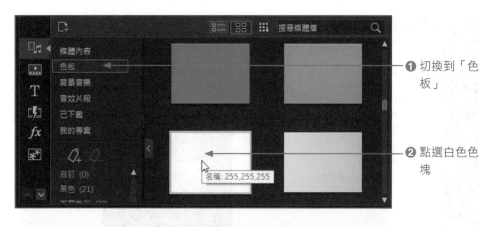

① 切換到「色板」

② 點選白色色塊

③ 按此鈕

④ 色塊已顯示在第一個視訊軌中

⑥ 切換到「媒體內容／素材」資料夾

⑦ 點選「旋轉木馬」

⑧ 按此鈕，使之加入

⑤ 播放磁頭移到色板之後

⑨ 同上方式完成第一視訊軌的素材編排

12-2-2 調整素材時間長度

　　加入的素材如果是圖片，預設會使用 5 秒的時間，如果是影片則會顯示原長度。圖片素材加入後若需要增加它的時間長度，可以利用「編輯／編輯項目／時間長度」指令進行修正。這裡我們打算將片頭畫面的長度拉長，讓觀看者可以更能看清影片標題。

❷ 執行「編輯／編輯項目／時間長度」指令

❶ 點選白色色板

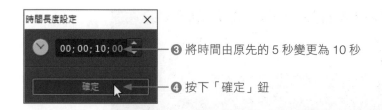

③ 將時間由原先的 5 秒變更為 10 秒

④ 按下「確定」鈕

⑤ 色板加長了，後方的素材自動向後移動

12-2-3　加入覆疊物件

專案內容要吸引觀看者的目光，多層次的素材堆疊是豐富影片的最佳方式，所以各位可以多加運用。這裡要示範的是如何在影片素材上覆疊物件，請先依照下面的表格所示，把素材依序放入到第 2、3、4 軌之中。

第一視訊軌	白色色板	旋轉木馬	草衙道電車	草衙道地圖
第二視訊軌	景致 .png		透明片 .png	自由落體 .mp4
第三視訊軌	標題字 .png		電車 .png	天空飛行家 .mp4
第四視訊軌				飄移高手 .mp4

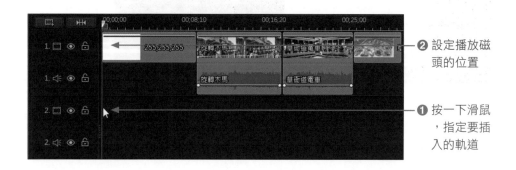

② 設定播放磁頭的位置

① 按一下滑鼠，指定要插入的軌道

❸ 點選要插入
的素材

❹ 按此鈕,使
之插入

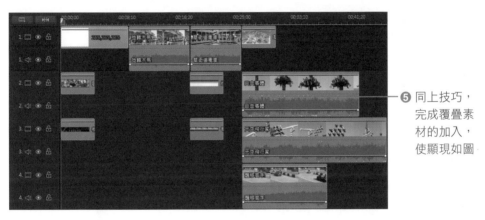

❺ 同上技巧,
完成覆疊素
材的加入,
使顯現如圖

由於加入的相片素材預設只有 5 秒的時間長度,請自行利用「編輯/編輯項目
/時間長度」指令來修正時間長度,或是以拖曳右邊界方式來加長時間。

拖曳素材片段
的右邊界,使
之加長時間長
度

12-2-4 覆疊物件編排

覆疊物件加入至各軌道後，接著就要開始進行編排，使每個畫面都能讓觀賞者賞心悅目。請在時間軸上點選素材，再從預覽視窗上調整個素材的比例，下面簡要說明編排的重點。

╲片頭畫面╱

▶ **景緻 .png**：盡量將 6 個風景區塊同時顯示於畫面上，而素材的上邊界對齊版面的頂端。

▶ **標題字 .png**：放大居中，與「景緻 .png」相互堆疊。

放大素材，使六個圖片區塊顯示在畫面上

調整標題字的素材大小如圖

╲草衙道電車╱

▶ **透明片 .png**：對齊版面下緣。

▶ **電車 .png**：移到版面的右側外，並對齊下緣。

透明片位置

電車位置

＼草衙道地圖 ／

▶ **草衙道地圖 .jpg**：按右鍵於素材片段，執行「設定片段格式／設定圖片延展模式」指令，將素材片段延展成 16:9 顯示比例，使整張圖填滿整個影片區域。

素材並非滿版

按右鍵執行「設定片段格式／設定圖片延展模式」指令

按「確定」鈕，圖片就會充滿整個頁面

▶ **自由落體 .mp4、天空飛行家 .mp4、飄移高手 .mp4**：縮小尺寸，分別放在左上方、正下方、與右上方三個地方。

12-3 視訊編修合成技法

素材位置排定後，接下來要說明如何做靜音處理、影片修剪、以及如何做視訊顯示比例的調整，讓畫面呈現較佳的效果。

12-3-1 視訊軌靜音處理

由於影片在拍攝時已將周遭的吵雜聲音一併收錄下來，所以在預覽影片時會覺得很吵鬧。各位可以把視訊的「音軌」取消勾選，這樣就可以把聲音關掉。如圖示：

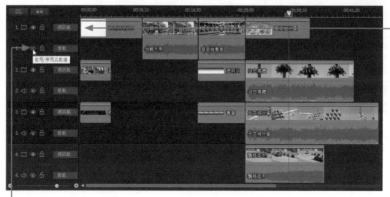

❶ 拖曳此邊界，可看到各軌道的名稱

❷ 依序將 1 至 4 的「音軌」取消勾選，所有影片就沒有聲音

12-3-2　視訊顯示比例設定

第一次編輯影片時，經常發現影片大小與專案比例不相吻合，如果出現此狀況，請在影片片段上按右鍵，執行「設定片段格式／設定顯示比例」指令做修改即可。

❶ 按右鍵於影片片段

❷ 執行「設定片段格式／設定顯示比例」指令

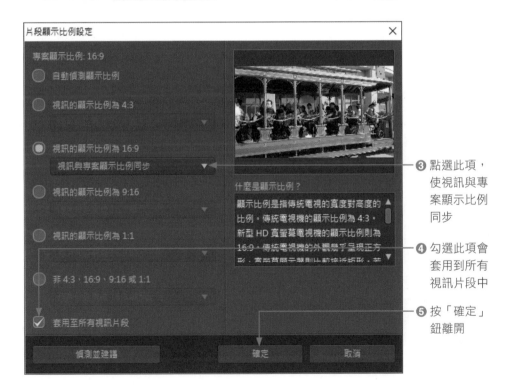

❸ 點選此項，使視訊與專案顯示比例同步

❹ 勾選此項會套用到所有視訊片段中

❺ 按「確定」鈕離開

12-3-3　視訊影片長度修剪

在此範例中,由於三段影片的長度並不相同,因此對於較長的影片片段要進行修剪,讓三段影片能夠同時結束。

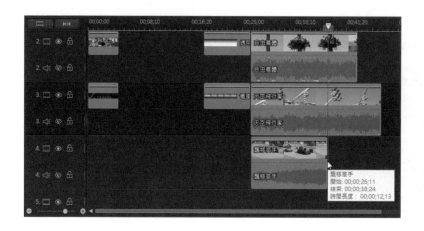

如圖所示,「飄移高手」的長度為 12 秒 13,所以其他影片在修剪時也以此長度為基準。

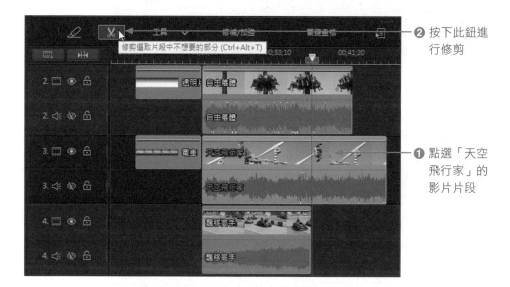

❷ 按下此鈕進行修剪

❶ 點選「天空飛行家」的影片片段

④ 切換到「輸出」鈕，預覽輸出後的效果

⑤ 修剪完成，按「確定」鈕離開

❸ 自行調整開始處與結束點的標記，使修剪影片，讓時間長度維持在 12 秒 3

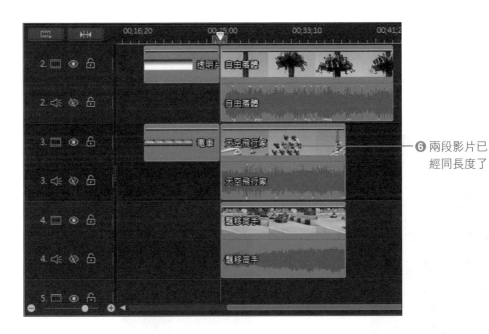

❻ 兩段影片已經同長度了

　　接下來依相同方式修剪「自由落體」的影片片段，同時延長「草衢道地圖」的長度，讓四個素材擁有相同的時間。

12-3-4 套用不規則造型

三段影片覆疊在地圖上，看起來像貼了膏藥一般很不美觀。現在要利用「遮罩設計師」的功能將三段影片放置在美美的遮罩之中，讓視訊影片也能以不規則的造型顯示出來。

❷ 由「工具」鈕下拉選擇「遮罩設計師」

❶ 點選視訊片段

❸ 切換到「遮罩」標籤

❺ 這裡已顯示套用遮罩的效果

❹ 點選此圖樣

❻ 按「確定」鈕離開

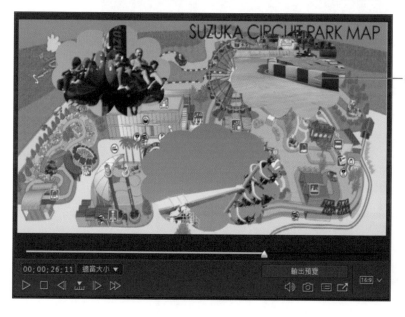

❼ 同上方式完成另兩個視訊遮罩的設定，使顯現如圖

12-3-5　加入陰影外框

　　雖然視訊影片已加入美美的造型，但因為底圖很花，所以不容易顯示出來，現在要利用「子母畫面設計師」為視訊加入邊框與陰影，就能夠讓套上遮罩的視訊影片變搶眼。

❷ 下拉選擇「子母畫面設計師」功能

❶ 點選影片片段

❸ 勾選「外框」選項

❺ 顯示加入外框與陰影的效果

❹ 勾選「陰影」，並設定模糊程度與陰影方向

❻ 按「確定」鈕離開

❼ 同上步驟完成另兩個視訊影片的設定

12-4 片頭頁面製作

片頭是影片最開始的畫面,最能吸引觀賞者的目光,因此片頭畫面將採用長條狀,讓大魯閣草衙道的重要畫面能夠由右向左一直滑動過去,另外加上色調的變換以及炫粒效果強化標題文字,讓片頭看起來亮眼繽紛,展現華麗動人的效果。

11-4-1 圖片滑動效果

前面我們已經把長條狀的「景緻」圖片放大並排列在第二視訊軌上,現在要利用「關鍵畫格」的「片段屬性」功能來設定圖片由右向左滑動。

❷ 按下「關鍵畫格」鈕

❶ 點選「景緻」片段

❹ 在「位置」處按此鈕加入關鍵畫格

❸ 播放磁頭移到影片片段的最前端

❻ 按此鈕,使加入關鍵畫格

❼ 將畫面由右向左拖曳,使出現綠色的移動路徑

❽ 按「播放」鈕就可以看到圖片滑動的效果   ❺ 播放磁頭移到最後

除了片頭的圖片滑動外，在草衙道電車的部分也有「電車」由右向左移動的效果，請自行依同樣方式作前後兩個關鍵畫格的設定。如圖示：

❷ 加入前後兩個關鍵畫格

❸ 將電車作移入的動作，使顯現如圖

❶ 點選「電車」

12-4-2　設定圖片變換色調

設定完圖片的滑動後，接著要利用「關鍵畫格」的「修補／加強」功能來變更圖片的色調。請回到「景緻」素材的關鍵畫格，我們繼續做處理。

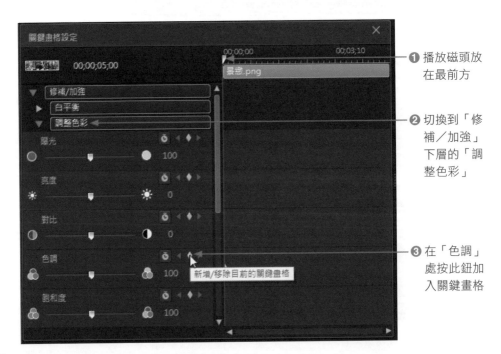

❶ 播放磁頭放在最前方

❷ 切換到「修補／加強」下層的「調整色彩」

❸ 在「色調」處按此鈕加入關鍵畫格

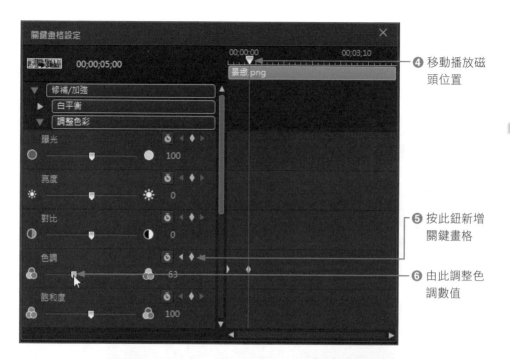

④ 移動播放磁頭位置

⑤ 按此鈕新增關鍵畫格

⑥ 由此調整色調數值

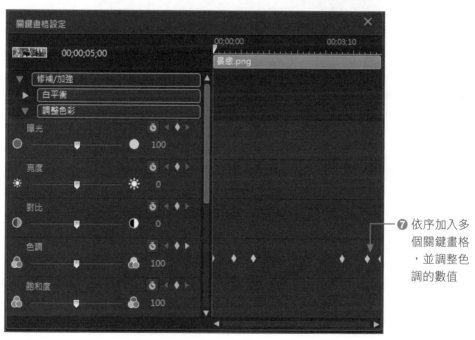

⑦ 依序加入多個關鍵畫格，並調整色調的數值

12-4-3　加入標題字框線陰影

在標題部分，我們同樣要透過「子母畫面設計師」來為標題加入白色框線與陰影，使文字變搶眼。

❷ 按「工具」鈕，下拉選擇「子母畫面設計師」

❶ 點選「標題字」片段

❸ 設定陰影模糊程度、方向與色彩

❹ 效果顯示如圖

❺ 按「確定」鈕離開

12-4-4　加入炫粒特效

要建立專屬的炫粒特效，請切換到「炫粒工房」。

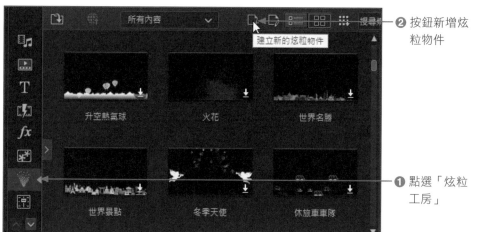

② 按鈕新增炫粒物件

① 點選「炫粒工房」

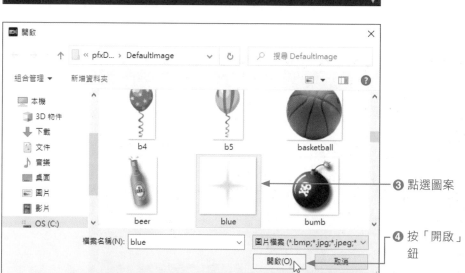

③ 點選圖案

④ 按「開啟」鈕

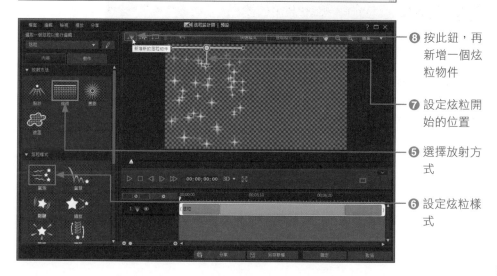

⑧ 按此鈕,再新增一個炫粒物件

⑦ 設定炫粒開始的位置

⑤ 選擇放射方式

⑥ 設定炫粒樣式

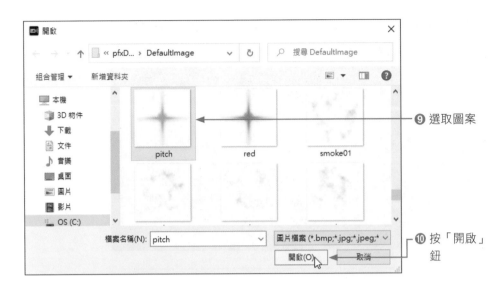

❾ 選取圖案

❿ 按「開啟」
鈕

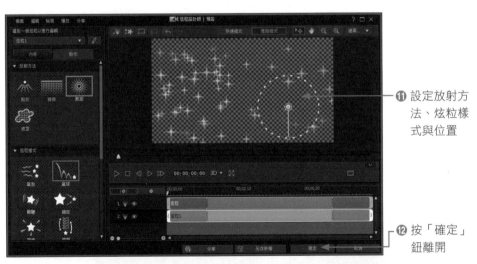

⓫ 設定放射方
法、炫粒樣
式與位置

⓬ 按「確定」
鈕離開

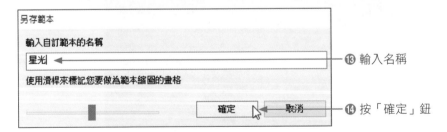

另存範本

輸入自訂範本的名稱

星光

⓭ 輸入名稱

使用滑桿來標記您要做為範本縮圖的畫格

確定　　取消

⓮ 按「確定」鈕

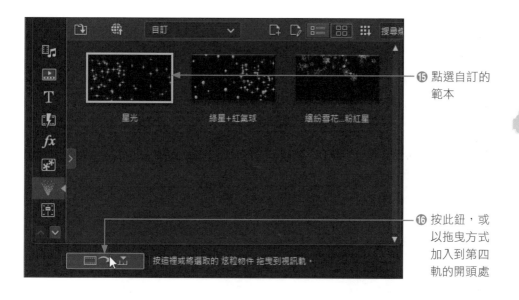

⑮ 點選自訂的範本

⑯ 按此鈕，或以拖曳方式加入到第四軌的開頭處

12-5 轉場特效的妙用

場景與場景之間的轉換，也是增加動態效果的一種方式，請切換到「轉場特效工房」 ，我們將加入與修改轉場特效行為。

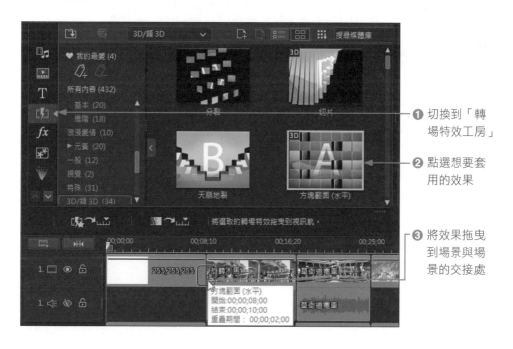

❶ 切換到「轉場特效工房」

❷ 點選想要套用的效果

❸ 將效果拖曳到場景與場景的交接處

❺ 按此鈕進行轉場特效的修改

❹ 預設值將顯示為如圖的重疊效果

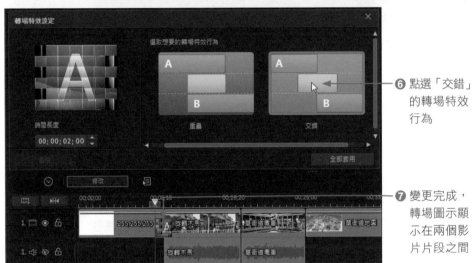

❻ 點選「交錯」的轉場特效行為

❼ 變更完成，轉場圖示顯示在兩個影片片段之間

接下來自行加入喜歡的轉場效果至各場景的交接處。

12-6 旁白與配樂

影片編排完成後，最後就是錄製旁白說明與搭配合適的背景音樂。請將麥克風準備好並與電腦連接，我們將透過即時配音錄製工房來錄製旁白，再到DirctorZone 網站下載適合的音樂片段來當作背景音樂。

12-6-1 錄製旁白

請將「文字介紹 .TXT」文件準備好，我們將透過麥克風來錄製此段說明稿。

❶ 開啟文件稿，放置在
預覽視窗上方

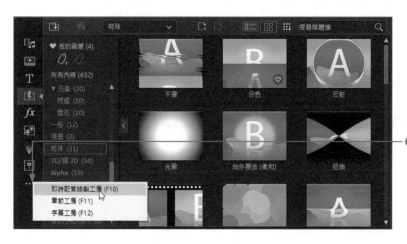

❷ 按此鈕，下
拉選「即時
配音錄製工
房」指令

❸ 調整音量大
小

❺ 按此鈕

❹ 播放磁頭移
到最前方

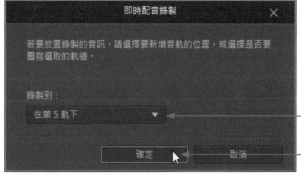

❻ 設定聲音錄製的軌道

❼ 按「確定」鈕，開始對著麥
克風錄製

❽ 唸完文稿後，按此鈕停止錄製

❾ 語音旁白錄製完成，請修剪音檔後方的空白

如果不滿意錄製的結果，選取音檔刪除後再重新錄製即可。另外，若是覺得錄製的聲音太小聲，可以按右鍵於音訊軌，執行「編輯音訊／音訊編輯器」指令後，點選「動態範圍壓縮」，再將「輸出增益」的數值加大就可搞定。聲音檔經「音訊編輯器」調整後，會在音訊素材上顯現 ■■ 的圖示。

由此調整音量大小

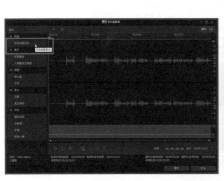

12-6-2 下載背景音樂

範例的最後，我們將到 DirctorZone 網站下載合適的背景音樂來搭配，請切換到「媒體工房」 進行音效的下載。不過下載背景音樂必須先登入會員帳號才可以下載喔！

❶ 按「匯入媒體」鈕

❷ 下拉選擇「從 DirctorZone 下載音效片段」指令

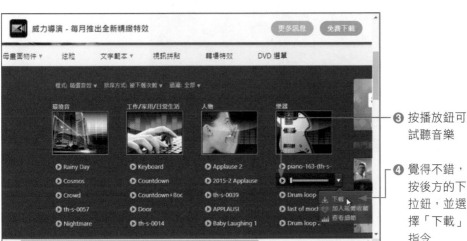

❸ 按播放鈕可試聽音樂

❹ 覺得不錯，按後方的下拉鈕，並選擇「下載」指令

❺ 按「開啟檔案」的超連結

❻ 顯示完成安裝，按「確定」鈕離開

❼ 切換到「已下載」的類別，即可看到下載的音檔

12-6-3　加入與修剪背景音樂

音檔下載後，現在準備將它拖曳到配樂軌中，不夠長時就利用「複製」與「貼上」功能來串接，多餘的部分則進行修剪的工作。

❸ 按右鍵執行「貼上／貼上並插入」指令

❷ 播放磁頭移到後方

❶ 先將下載的音樂片段拖曳到軌道中，並按右鍵執行「複製」指令

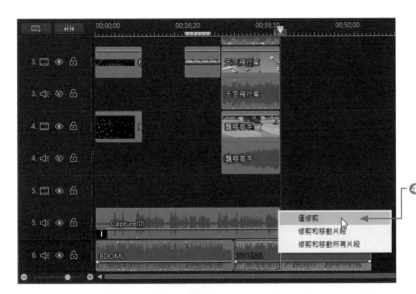

④ 往左拖曳右側邊界，使與視訊同長度，並執行「僅修剪」指令

12-6-4 調整旁白與音樂音量

配音和配樂都加入之後，若是發現旁白聲音很小，配樂聲音很大，可以透過「音訊混音工房」來加大旁白聲音，減小音樂音量。以調整配樂的音量為例，這裡示範將音量降低。

③ 將此滑鈕下移，使背景音樂變小聲，直到視訊播放完畢

① 播放磁頭放在最前端

② 按「播放」鈕

④ 播放完畢，就會發現聲波明顯變小

12-7　輸出標準 2D 檔案

　　製作完成的視訊影片可以輸出成 AVI、MPEG-2、Windows Media、AVC 等各種影片格式。要輸出檔案請點選「輸出檔案」鈕，切換到「標準 2D」標籤，就可以依照需求選擇所需的檔案格式，這裡以 MP4 格式做示範。

❶ 在「標準 2D」標籤中點選「H.264 AVC」按鈕

❷ 設定檔案類型

❸ 按此鈕設定影片匯出位置

❹ 按「開始」鈕進行輸出

❺ 稍待片刻，即可看到輸出完成

12-8 補充：以 VidCoder 壓縮影片

　　匯出的影片檔通常檔案量都很大，以剛剛完成的影片檔為例，寬 1280 像素，高 720 像素的 38 秒影片，檔案量就有 67 MB。影片尺寸越大，檔案量就越大，上傳影片需要耗費的時間更多。如果你製作的影片需要透過 LINE 傳輸來與你的主管做溝通，或是為了網路傳輸的考量，可以考慮利用 VidCoder 來壓縮一下檔案量，請自行由 Google 搜尋關鍵字「VidCoder」，然後下載安裝程式。

安裝完 VidCoder 程式後，啟動該程式，我們開啟來源檔來進行編碼。

❶ 按此鈕，下拉選擇「開啟視訊檔」指令

❷ 選取剛剛匯出的影片檔

❸ 按下「開啟」鈕

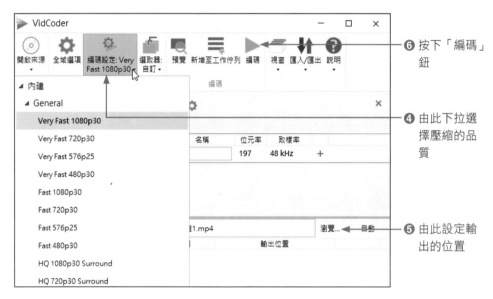

❻ 按下「編碼」鈕

❹ 由此下拉選擇壓縮的品質

❺ 由此設定輸出的位置

　　經過編碼之後，原先 67MB 的檔案只剩下 18MB 而已喔！是不是瘦身有術啊！

觸動人心的影音
社群行銷

隨著 YouTube 等影音社群網站效應發揮，許多人利用零碎時間上網看影片，影音分享服務早已躍升為網友們最喜愛的熱門應用之一。現代人的視線已經逐漸從電視螢幕轉移到智慧型手機上，伴隨著這一趨勢，行動端廣告影片迅速發展，影片所營造的臨場感及真實性確實更勝於文字與圖片，動態的影音行銷也成為勢不可擋的時代趨勢。

各位辛苦拍攝或編輯影片，目的不外乎是為了行銷宣傳或是秀自己，所以如何以最簡便的方式將影片作品上傳到社群網站，便是大家所關心的事。現今社群網站眾多，威力導演除了允許各位將專案作品上傳到大家熟悉的 YouTube 外，還能將影片上傳到 Vimeo、Dailymotion、Niconico Douga，以便在網路上分享給他人。另外，製作的影片內容也可以匯出到 Android 的智慧型手機中，讓影片保留在手機當中，走到哪也可以隨時和他人分享，因此這一章節就要來探討如何上傳與分享視訊。

13-1 影片匯出至 Android 手機

利用威力導演製作完成的視訊，也可以輸出到各種的硬體裝置中。請切換到 輸出檔案 步驟並按下「裝置」標籤，即可看到如圖所示的各項裝置按鈕。

想要將自製的影片匯出到 Android 手機上，請切換到「裝置」標籤，點選「Android」鈕後，從「設定檔名稱／品質」處先選定所要的尺寸，再按下「開始」鈕先將檔案輸出。

❷ 點選「Android 裝置」

❶ 點選「裝置」標籤

❸ 下拉選擇設定檔名稱與品質

❹ 按此鈕開始輸出影片

　　檔案輸出到預設資料夾後，接著請將行動裝置-Android 手機透過 USB 傳輸線與電腦相連接，就可以進行拖曳的動作，將影片檔拖曳到手機中存放相片／影片的資料夾中。此處以 Samsung Galaxy A32 手機做示範說明。

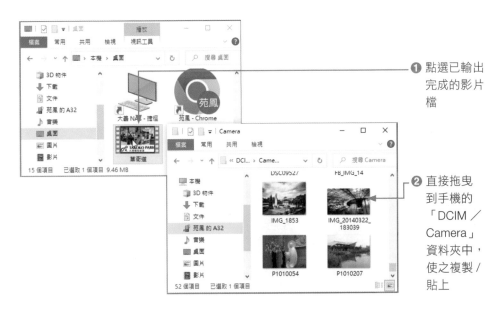

❶ 點選已輸出完成的影片檔

❷ 直接拖曳到手機的「DCIM ／ Camera」資料夾中，使之複製／貼上

　　拔除手機和電腦的連接線，開啟「媒體瀏覽器」後，就可以找到剛剛匯入的視訊影片。

從手機上就可以開啟剛剛匯入的視訊影片

13-2　YouTube 影片行銷

　　YouTube 是一個影片分享的網站，可以讓使用者上傳、觀看、分享與評論影片。除了個人上傳自製的影片與他人分享外，很多製片或傳播公司也將電視短片、預告片、音樂錄影帶剪輯後，上傳在 YouTube 網站做宣傳。因此 YouTube 儼然成為影音網站的第一把交椅，很多人也因為影片上傳後的點擊率高而增加了許多的廣告收入。

　　各位可曾想過每天擁有數億造訪人次的 YouTube 也可以是你的商業行銷利器嗎？除了欣賞影片之外，它也可以成為強力的行銷工具，YouTube 帶來的商機其實非常大，影片絕對是吸引人的關鍵，重要的是要提供讓大家感興趣想去看的影片。影音行銷成為近期很夯的行銷新手法，許多個人和企業都可以利用 YouTube 平台來進行網路行銷。

Yotube 廣告效益相當驚人！紅色區塊都是可用的廣告區，讓廣告發揮最大的效益

在 Youtue 上要讓影片爆紅，除了內容本身佔了 80% 以上原因，包括標題設定、影片識別度、影片剪接的流暢度等都是原因之一。製作的影片如果觀看的人數多，就有可能在上面看到廠商的廣告、YouTube 提供的廣告平台，是從網友每一次欣賞影片的點擊次數，再向網站上刊登廣告的企業主收取廣告費，這樣更能有效鎖定目標對象。你也可以將圖片、影片和文字等片頭廣告指定至 YouTube 網站上不同的刊登位置，快速幫你找到真正有興趣的潛在消費者。

13-2-1　影片上傳到 YouTube 網站

製作完成的影片可以直接上傳到 YouTube 網站，方便更多人觀看。要輸出影片請按下「輸出檔案」鈕，由「線上」標籤中選擇「YouTube」按鈕，接著執行下面的步驟就可大功告成。

❶ 在「線上」標籤中點選「YouTube」按鈕

❸ 按此鈕設定影片匯出位置

❹ 按下「開始」鈕進行輸出

❷ 設定檔案類型、標題、說明、標籤、類別等資訊

❺ 先按「登入」鈕，在開啟的視窗輸入電子郵件和密碼，並允許 CyberLink PowerDiretor 管理和查看你的影片和帳戶

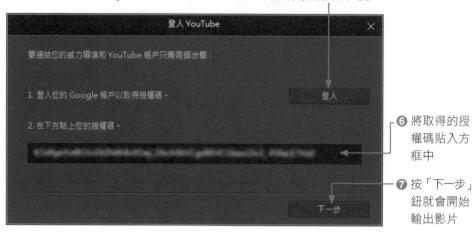

❻ 將取得的授權碼貼入方框中

❼ 按「下一步」鈕就會開始輸出影片

❽ 按「確定」鈕

❾ 輸出完成，按此鈕查看你的 Youtube 視訊

　　學會 YouTube 社群網站的上傳方式，各位也能夠自行上傳影片到 Vimeo、Dailymotion、Niconico Douga 等網站，只要先登入到各網站的帳戶，訊連科技取得授權後，即可將指定的影片尺寸上傳。

13-2-2　分享與宣傳你的 YouTube 影片

　　好不容易製作完成的影片已上傳到 YouTube 影片，各位可別以為這樣就大功告成，因為想要行銷你的影片，第一個就是要透過分享的功能把影片告知你所認識的親朋好友。請按右鍵於影片縮圖，出現選單後選擇「複製連結網址」指令，就能將連結網址複製到剪貼簿，屆時再到你所熟悉的 LINE 群組或社群網站上按下「Ctrl」+「V」鍵貼入連結即可。

按右鍵於影片縮圖，執行此指令可複製影片網址

13-2-3　查看 YouTube 影片成效

你所上傳到 YouTube 的影片，YouTube 都有提供詳盡的數據分析，例如哪支影片較熱門、多少人觀看、觀看總時間、曝光次數、曝光點閱率、平均觀看時間長度、非重複觀眾人數等，讓你知道影片成效，可作為你付費宣傳的參考。請在上圖的視窗中點選藍色的「管理影片」鈕，再由視窗左側按下「數據分析」鈕使切換到「數據分析」的類別，即可觀看各項的數據。

由此切換到「數據分析」，可查看影片的各項數據

13-3　Facebook 影片行銷

Facebook 是一個免費的社交網站，據 2013 年官方資料顯示，台灣約有 1500 萬人每月登入臉書，其中約 1200 萬人是透過行動裝置登入。在 Facebook 網站上除了文字訊息的傳送外，會員也可以傳送圖片、影片或聲音訊息給其他使用者。只要年滿 13 歲以上即可註冊為會員，註冊後可以自行創建個人檔案、將其他人加入好友，也可以將有相同興趣的人加入群組織之中，或是將朋友分類管理。根據統計，每天上傳到 Facebook 上的圖片就有 3.5 億張之多，是世界上分布最廣的社群網站，所以將影片分享到 Facebook 上可大大增加曝光的機會。

13-3-1 影片上傳到 Facebook 社群

在威力導演 21 的版本中，雖然無法像 YouTube 一樣直接將影片上傳到 Facebook 網站上，但你可以先將影片輸出成標準 2D 的 mp4 影片檔，屆時到 Facebook 再進行上傳即可。Facebook 社群的上傳方式如下：

❶ 進入臉書後，按此鈕上傳影片

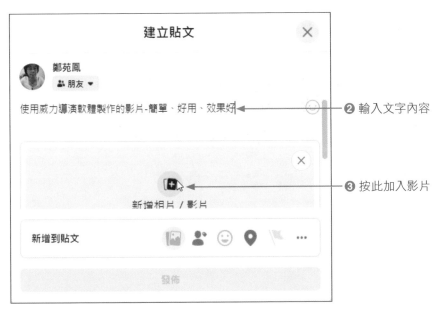

❷ 輸入文字內容

❸ 按此加入影片

❹ 選取影片檔

❺ 按此鈕開啟
檔案

❻ 按此鈕發布
貼文

⑦ 剛剛上傳的
影片已顯示
在 Facebook
上

13-3-2 分享與宣傳你的影片貼文

當影片已張貼到 Facebook，影片下方會看到「分享」鈕，按「分享」鈕可寄送給朋友或是張貼到你的動態時報中。

按此鈕進行免費宣傳

13-4 Instagram 影片行銷

Instagram 是一個結合手機拍照與分享照片的社群平台，主要以圖像和短片傳達資訊，由於藝術特效的加持讓平凡的相片／影片藝術化，加上分享的便利性，因此 Instagram 一推出，就快速成為年輕人最受歡迎的平台。假如你想利用 Instagram 社群來經營你的商品、增加實體店面的業績，或是想擴大潛在客戶，那麼利用 Instagram 來行銷就勢在必行。

13-4-1 影片上傳到 Instagram 社群

Instagram 和 Facebook 一樣，在威力導演軟體裡並不能直接將影片上傳到 Instagram 社群，所以建議各位是透過前面介紹的方式，先將影片匯入到手機裡，再從手機的圖庫中上傳影片。下面簡要說明影片上傳到 Instagram 社群的方式，這裡以 Android 手機做示範。

❶ 按大頭貼照進入你的限時動態

❷ 按下拉鈕，選擇「影片」類別

❸ 按點先前上傳到手機的視訊影片

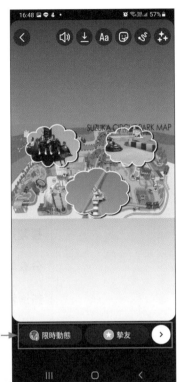

❹ 看完說明視窗，按下「確定」鈕離開

❺ 由此選擇分享至限時動態、摯友或訊息

13-4-2 再次分享

當各位將影片分享至限時動態後，想要再分享影片，只要在限時動態的底端選擇「分享到⋯」的選項，就可以立即與附近的對象分享內容，或是與 IG 和 LINE 上的朋友進行分享。如果設為「精選」，可於 24 小時後繼續在個人檔案上顯示。

另外，按「更多」 ⋮ 鈕會看到如下的選單，讓你可以儲存影片、傳送給特定的人、複製連結、或是分享到其他社群。

AI 繪圖與影音科技加持的微電影行銷

早期社群行銷往往是以文字為基礎，分析商品在目標市場，消費者於網路社群討論與產品相關的話題、人物和市場效果。隨著人工智慧技術的進步，越來越多的 AI 多媒體成像平台應運而生，今天店家或品牌應善用目前最新的「AI 多媒體技術」來即時創造市場話題，打造吸睛、吸引消費者互動及觀看的圖像內容、微電影製作及影音素材，幫助我們提升社群的效果和消費體驗。

行銷名人吳淡如也在學習最新的 AI 繪圖技術

圖片來源 https://www.gemarketing.com.tw/relatnews/betty-ai/

A-1 最強 AI 繪圖生圖神器簡介

在本節中，我們將介紹一些著名的 AI 繪圖生成工具和平台，這些工具和平台將生成式 AI 繪圖技術應用於實際的軟體和工具中，讓普通用戶也能輕鬆創作出美麗的圖像和繪畫作品。這些 AI 繪圖生成工具和平台的多樣性使用戶可以根據個人喜好和需求選擇最適合的工具，以下是一些知名的 AI 繪圖生成工具和平台的例子。

∖∖ Midjourney ∕∕

Midjourney 是一個 AI 繪圖平台，它讓使用者無須具備高超的繪畫技巧或電腦技術，僅需輸入幾個關鍵字，便能快速生成精緻的圖像。這款繪圖程式不僅高效，而且能夠提供出色的畫面效果。

圖片來源 https://www.midjourney.com

∖∖ Stable Diffusion ∕∕

Stable Diffusion 是一個於 2022 年推出的深度學習模型，專門用於從文字描述生成詳細圖像。Stable Diffusion 能對現有圖像進行修改，因此廣泛應用於藝術創作、遊戲設計和商業廣告等領域，為使用者提供強大的 AI 輔助設計能力。

圖片來源 https://stablediffusionweb.com/

＼ DALL-E 3 ／

非營利的人工智慧研究組織 OpenAI 在 2021 年初推出了名為 DALL-E 的 AI 製圖模型。DALL-E 這個名字是藝術家薩爾瓦多・達利（Salvador Dali）和機器人瓦力（WALL-E）的合成詞。使用者只需在 DALL-E 這個 AI 製圖模型中輸入文字描述，就能生成對應的圖片。而 OpenAI 後來也推出了升級版的 DALL-E 3，這個新版本生成的圖像不僅更加逼真，還能夠進行圖片編輯的功能。

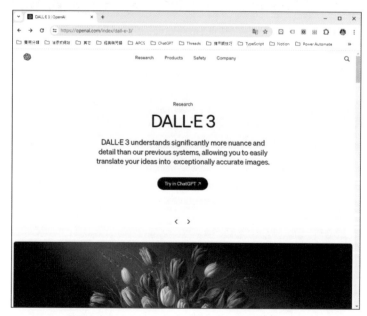

圖片來源 https://openai.com/index/dall-e-3/

∥ Copilot in Bing ∥

　　微軟 Bing 針對台灣用戶推出了一款免費的 AI 繪圖工具，名為「Copilot」。這個工具是根據 OpenAI 的 DALL-E3 圖片生成技術開發而成。使用者只需使用他們的微軟帳號登入該網頁，即可免費使用，並且對於一般用戶來說非常容易上手。使用這個工具非常簡單，圖片生成的速度也相當迅速（大約幾十秒內完成）。只要在提示語欄位輸入圖片描述，即可自動生成相應的圖片內容。而且，使用者可以自由下載這些圖片。

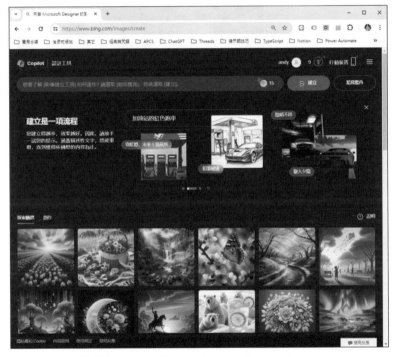

圖片來源 https://www.bing.com/images/create

∥ Playground AI ∥

　　Playground AI 是一個簡易且免費使用的 AI 繪圖工具。使用者不需要下載或安裝任何軟體，只需使用 Google 帳號登入即可。每天提供 1000 張免費圖片的使用額度，相較於其他 AI 繪圖工具的限制更大，讓你有足夠的測試空間。使用上也相對簡單，提示詞接近自然語言，不需調整複雜參數。首頁提供多個範例供參

考，當各位點擊「Remix」可以複製設定重新繪製一張圖片。請注意使用量達到 80% 時會通知，避免超過 1000 張限制，否則隔天將限制使用間隔時間。

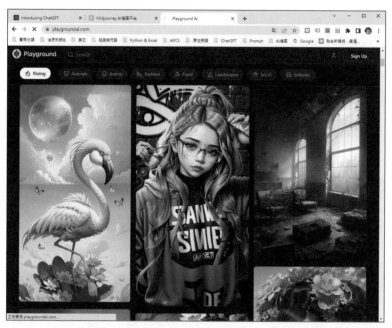

圖片來源 https://playgroundai.com/

　　以上這些知名的 AI 繪圖生成工具和平台提供了多樣化的功能和特色，讓用戶能夠嘗試各種有趣和創意的 AI 繪圖生成。然而，需要注意的是，有些工具可能要付費或提供高級功能時需付費。使用這些工具時，請務必遵守相關的使用條款和版權規定，尊重原創作品和知識產權。

A-2　DALL-E 3 AI 繪圖平台的技巧與實踐

　　DALL-E 3 利用深度學習和生成對抗網路（GAN）技術來生成圖像，並且可以從自然語言描述中理解和生成相應的圖像。例如，當給定一個描述「請畫出有很多氣球的生日禮物」時，DALL-E 3 可以生成對應的圖像。

A-2-1　利用 DALL-E 3 以文字生成高品質圖像

要體驗這項文字轉圖片的 AI 利器，可以連上 https://openai.com/index/dall-e-3/ 網站，並按下圖中的「Try in ChatGPT」鈕：

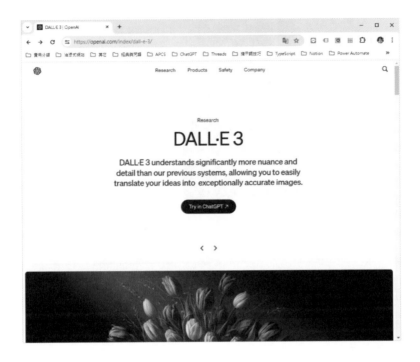

目前，DALL-E 3 的圖像生成功能僅對 ChatGPT Plus 和 ChatGPT Enterprise 用戶開放，免費版用戶暫時無法使用這項功能。不過，免費用戶可以透過 Bing 的 Copilot 來體驗 DALL-E 3 的圖像生成技術及其強大功能。

接著請使用 Copilot 詳細描述想要產生的圖像，例如下圖輸入「請畫出有很多氣球的生日禮物」，再按下「提交」鈕，之後就可以快速生成高品質的圖像。如下圖所示：

　　各位可以試著按上圖的「描繪出歡樂的派對場景」鈕，就會接著產生類似下圖的圖片效果。

A-3 　使用 Midjourney 輕鬆繪圖

　　Midjourney 是一款輸入簡單的描述文字，就能讓 AI 自動幫你生成出獨特而新奇的繪圖工具，只要 60 秒的時間內，就能快速產生四幅作品。

Midjourney 生成的長髮女孩

　　想要利用 Midjourney 來嘗試作圖，你可以先免費試用，不管是插畫、寫實、3D 立體、動漫、卡通、標誌或是特殊的藝術風格，它都可以輕鬆地幫你設計出來。不過免費版有限制生成的數量，之後就必須訂閱付費才能使用，付費所產生的圖片可做為商業用途。

A-3-1　申辦 Discord 的帳號

要使用 Midjourney 之前必須先申辦一個 Discord 的帳號,才能在 Discord 社群上下達指令。各位可以先前往 Midjourney AI 繪圖網站,網址為:https://www.midjourney.com/home/

請先按下底端的「Join the Beta」鈕,它會自動轉到 Discord 的連結,請自行申請一個新的帳號,過程中需要輸入個人生日、密碼、電子郵件等相關資訊。目前,需要幾天的等待時間才能被邀請加入 Midjourney。

在這裡要提醒的是,Midjourney 原本是開放給所有人免費使用,但因為申請的人數過多,官方已宣布不再提供免費服務,改為必須要每月 10 美金的費用才能繼續使用。

A-3-2　登入 Midjourney 聊天室頻道

Discord 帳號申請成功後,每次電腦開機時就會自動啟動 Discord。當你受邀加入 Midjourney 後,你會在 Discord 左側看到 鈕,按下該鈕就會切換到 Midjourney。

❶ 按此鈕切換到 Midjourney

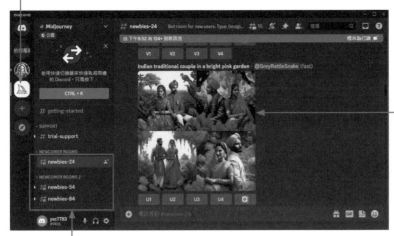

❸ 由右側欄位
可欣賞其他
新成員的作
品與下達的
提示詞

❷ 點選「newcomer rooms」中的任一頻道

　　對於新成員，Midjourney 提供了「newcomer rooms」，點選其中任一個含有「newbies-#」的頻道，就可以讓新進成員進入新人室中瀏覽其他成員的作品，也可以觀摩他人如何下達指令。

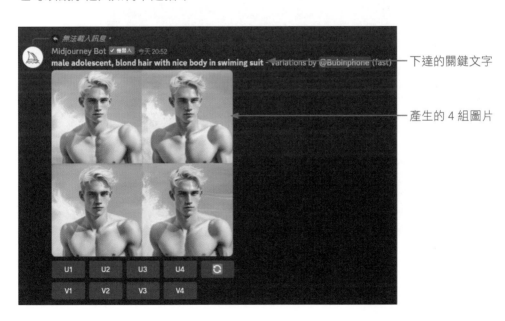

下達的關鍵文字

產生的 4 組圖片

A-3-3 　下達指令詞彙來作畫

　　當各位看到各式各樣精采絕倫的畫作，是不是也想實際嘗試看看！下達指令的方式很簡單，只要在底端含有「+」的欄位中輸入「/imagine」，然後輸入英文的詞彙即可。你也可以透過以下方式來下達指令：

❶ 先進入新人室的頻道

❷ 按此鈕，並下拉選擇「使用應用程式」

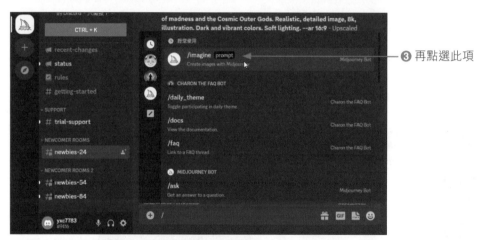

❸ 再點選此項

❹ 在 Prompt 後方輸入你想要表達的英文字句，按下「Enter」鍵

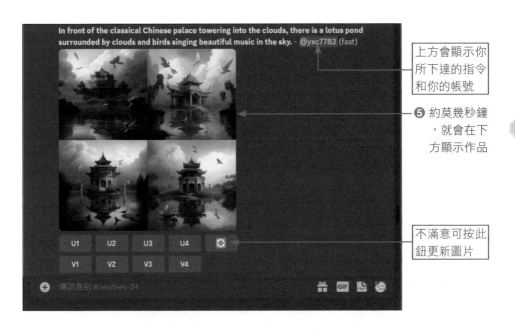

上方會顯示你
所下達的指令
和你的帳號

❺ 約莫幾秒鐘
，就會在下
方顯示作品

不滿意可按此
鈕更新圖片

A-3-4 英文指令找翻譯軟體幫忙

對於如何在 Midjourney 下達指令詞彙有所了解後，再來說說它的使用技巧吧！首先是輸入的 prompt，輸入的指令詞彙可以是長文的描述，也可以透過逗點來連接詞彙。

在觀看他人的作品時，對於喜歡的畫風，你可以參閱它的描述文字，然後應用到你的指令詞彙之中。如果你覺得自己英文不好也沒有關係，可以透過 Google 翻譯或 DeepL 翻譯器之類的線上翻譯，把你要描述的中文詞句翻譯成英文，再貼入 Midjourney 的指令區即可。同樣地，看不懂他人下達的指令詞彙，也可以將其複製後，使用翻譯軟體翻譯成中文。

需要注意的是，由於目前試玩 Midjourney 的成員眾多，洗版的速度非常快，若沒有看到自己的畫作，前後找找應該可以看到。

A-3-5　重新生成畫作

下達指令詞彙後，萬一呈現出來的四個畫作與你的期望落差很大，一種方式是修改你所下達的英文詞彙，另外也可以在畫作下方按下 🔄 重新整理鈕，Midjourney 就會重新產生新的 4 個畫作出來。

如果你想以某一張畫作進行延伸變化，可以點選 V1 到 V4 的按鈕，其中 V1 代表左上、V2 是右上、V3 左下、V4 右下。

A-3-6　取得高畫質影像

當產生的畫作有符合你的需求，你可以考慮將它保存下來。在畫作的下方可以看到 U1 到 U4 等 4 個按鈕。其中的數字是對應四張畫作，分別是 U1 左上、U2 右上、U3 左下、U4 右下。如果你喜歡右上方的圖，可按下 U2 鈕，它就會產生較高畫質的圖給你，如下圖所示。按右鍵於畫作上，執行「開啟連結」指令，會在瀏覽器上顯示大圖，再按右鍵執行「另存圖片」指令，就能將圖片儲存到你指定的位置。

A-4 功能強大的 Playground AI 繪圖網站

在本單元中，我們將介紹一個便捷且強大的 AI 繪圖網站，它就是 Playground AI。這個網站免費且不需要進行任何安裝程式，並且經常更新，以確保提供最新的功能和效果。Playground AI 目前提供無限制的免費使用，讓使用者能夠完全自由地客製生成圖像，同時還能夠以圖片作為輸入生成其他圖像。使用者只需先選擇所偏好的圖像風格，然後輸入英文提示文字，最後點擊「Generate」按鈕即可立即生成圖片。網站的網址為 https://playgroundai.com/。這個平台提供了簡單易用的工具，讓你探索和創作獨特的 AI 生成圖像體驗。

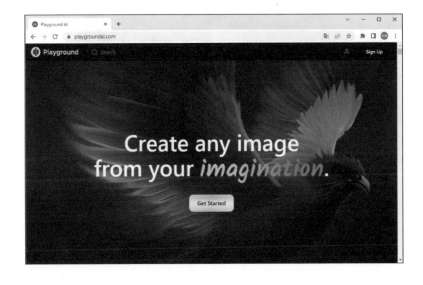

A-4-1　學習圖片原創者的提示詞

　　首先，讓我們來探索其他人的技巧和創作。當你在 Playground AI 的首頁向下滑動時，你會看到許多其他使用者生成的圖片，每一張圖片都展現了獨特且多樣化的風格。你可以自由瀏覽這些圖片，並找到你喜歡的風格。只要用滑鼠點擊任一張圖片，你就能看到該圖片的原創者、使用的提示詞，以及任何可能影響畫面出現的其他提示詞等相關資訊。

　　這樣的資訊對於學習和獲得靈感非常有幫助。你可以了解到其他人是如何使用提示詞和圖像風格來生成他們的作品。這不僅讓你更好地了解 AI 繪圖的應用方式，也可以啟發你在創作過程中的想法和技巧。無論是學習他們的方法，還是從他們的作品中獲得靈感，都可以讓你的創作更加豐富和多元化。

　　Playground AI 為你提供了一個豐富的創作社群，讓你可以與其他使用者互相交流、分享和學習。這種互動和共享的環境可以激發你的創造力，並促使你不斷進步和成長。所以，不要猶豫，立即探索這些圖片，看看你可以從中獲得的靈感和創作技巧吧！

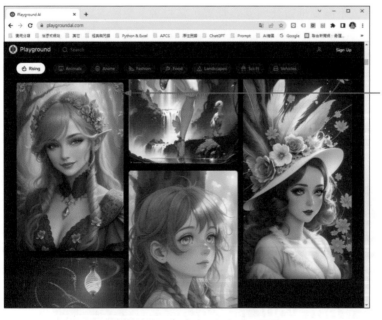

❶ 以滑鼠點選此圖片，使進入下圖畫面

圖片生成者

提示詞（Prompt）

再混合

複製 Prompt

即使你的英文程度有限，無法理解內容也不要緊，你可以將文字複製到「Google 翻譯」或者使用 ChatGPT 來協助你進行翻譯，以便得到中文的解釋。此外，你還可以點擊「Copy prompt」按鈕來複製提示詞，或者點擊「Remix」按鈕以混合提示詞來生成圖片。這些功能都可以幫助你順利地使用這個平台，以獲得你所需的圖像創作體驗。

按下「Remix」鈕會進入 Playground 來生成混合的圖片

除了參考他人的提示詞來生成相似的圖像外，你還可以善用 ChatGPT 根據你自己的需求生成提示詞喔！使用 ChatGPT，你可以提供相關的說明或指示，讓 AI 繪圖模型根據你的要求創作出符合你想法的圖像。這樣你就能夠更加個性化地使用這個工具，獲得符合自己想像的獨特圖片。不要害怕嘗試不同的提示詞，挑戰自己的創意，讓 ChatGPT 幫助你實現獨一無二的圖像創作！

A-4-2　初探 Playground 操作環境

在瀏覽各種生成的圖片後，我相信你已經迫不及待想要自己嘗試了。只需在首頁的右上角點擊「Sign Up」按鈕，然後使用你的 Google 帳號登入即可開始。這樣你就可以完全享受到 Playground AI 提供的所有功能和特色。

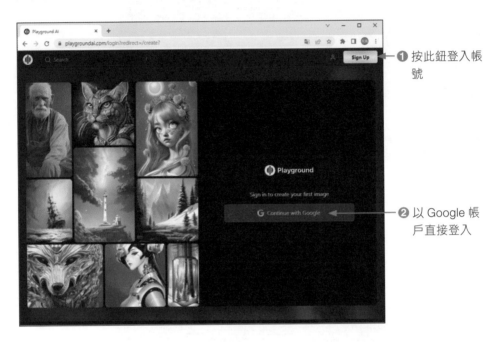

❶ 按此鈕登入帳號

❷ 以 Google 帳戶直接登入

❸ 顯示 Playground 的視窗畫面

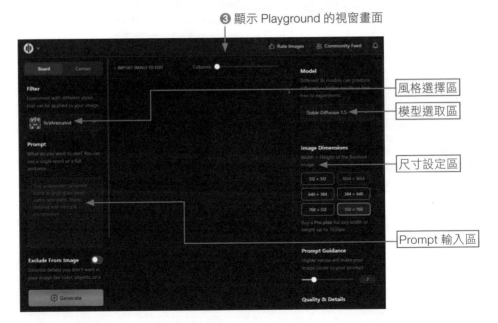

風格選擇區

模型選取區

尺寸設定區

Prompt 輸入區

A-4-3 利用 ChatGPT 取得最佳的提示詞

在這裡，我們將利用 ChatGPT 提出問題來獲得最佳的提示詞，然後將這些提示詞複製到 Playground AI 中生成圖片。這樣做可以確保 Playground AI 生成的圖片更符合我們的期望。我們可以讓 ChatGPT 扮演 Playground AI 的提示詞生成器，以獲得更具創意和個性化的繪圖提示。這種結合 ChatGPT 和 Playground AI 的方式將為我們帶來更加豐富和獨特的圖像創作體驗。現在就讓我們開始利用 ChatGPT 來生成最佳的繪圖提示，並在 Playground AI 中展開創作吧！

 **prompt 提示**

接下來請你扮演 Playground AI 繪圖提示生成器

> TX　接下來請你扮演Playground AI繪圖提示生成器
>
> 🟢　當然，我很樂意扮演Playground AI繪圖提示生成器的角色。請告訴我您希望生成的圖片內容或提供一些關鍵字，我將努力為您生成一個適合的繪圖提示。請描述您期望的畫面風格、主題或任何您想在圖片中看到的元素。我將嘗試生成一個繪圖提示，讓您可以在Playground AI中繼續創作。請提供您的需求，我將盡力幫助您。

當我們告訴 ChatGPT 我們想要的畫面效果時，接下來就輸入要提示的文字內容。

🗨 **prompt 提示**

我想要一個歡樂的籃球總冠軍賽奪冠的慶祝畫面。

> TX　我想要一個歡樂的籃球總冠軍賽奪冠的慶祝畫面。
>
> 🟢　給您的繪圖提示是：「一個歡樂的籃球總冠軍賽奪冠的慶祝畫面」。您可以將這個提示複製並貼到Playground AI的Prompt區塊中，然後按下「Generate」來生成相應的圖片。希望這個繪圖提示能幫助您創作出一個令人歡欣鼓舞的畫面！

如果 ChatGPT 給出的內容符合你的要求，你可以請它將其翻譯成英文。這樣，你就能獲得更優秀的提示詞，並將該段英文文字複製並貼到 Playground AI 中。這將有助於你在 Playground AI 中獲得更理想的生成圖像。

 prompt 提示

請將上面的繪圖提示翻譯成英文

TX 請將上面的繪圖提示翻譯成英文

 The translation of the drawing prompt is: "A joyful celebration scene of winning the basketball championship." You can copy and paste this prompt into the Prompt section of Playground AI, and then click on "Generate" to create the corresponding image. I hope this drawing prompt helps you create an inspiring and joyful artwork!

A-4-4 實戰 Playground AI 生成圖片

一旦你登入 Playground 帳號，你可以使用左側的篩選器來選擇你喜歡的圖片濾鏡。按下圖示下拉式按鈕後，你會看到各種縮圖，這些縮圖大致呈現出圖片的風格。在這裡，你可以嘗試更多不同的選項，並發現許多令人驚豔的畫面。不斷探索和試驗，你將發現各種迷人的風格和效果等待著你。

現在，將 ChatGPT 生成的文字內容「複製」並「貼到」左側的提示詞（Prompt）區塊中。右側的「Model」提供四種模型選擇，預設值是「Stable Diffusion 1.5」，這是一個穩定的模型。DALL-E 3 模型需要付費才能使用，因此建議你繼續使用預設值。至於尺寸，免費用戶有五個選擇，其中 1024 x 1024 的尺寸需要付費才能使用。你可以選擇想要生成的圖片大小。

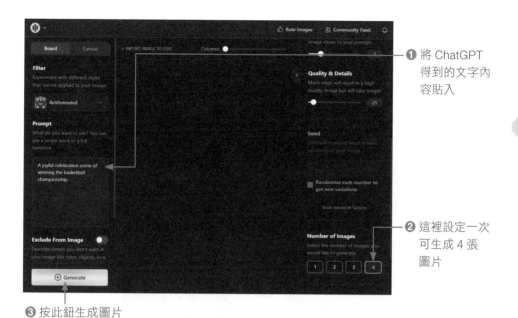

❶ 將 ChatGPT
得到的文字內
容貼入

❷ 這裡設定一次
可生成 4 張
圖片

❸ 按此鈕生成圖片

完成基本設定後，最後只需按下畫面左下角的「Generate」按鈕，即可開始生成圖片。

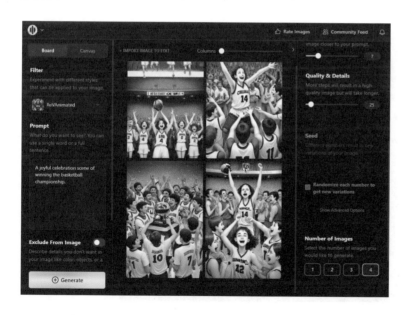

A-4-5　放大檢視生成的圖片

　　生成的四張圖片太小看不清楚嗎？沒關係，可以在功能表中選擇全螢幕來觀看。

❶ 按下「Action」
鈕，在下拉功
能表單中選擇
「View Full
screen」指令

❷ 以最大的顯示
比例顯示畫面
，再按一下滑
鼠就可離開

A-4-6 利用 Create variations 指令生成變化圖

當 Playground 生成四張圖片後，如果有找到滿意的畫面，就可以在下拉功能表單中選擇「Create variations」指令，讓它以此為範本再生成其他圖片。

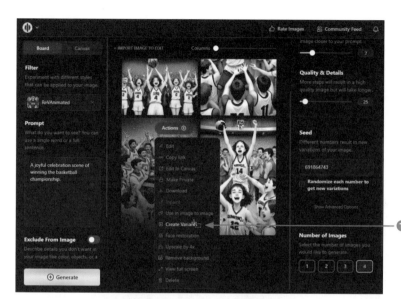

❶ 選擇「Create variations」指令生成變化圖

❷ 生成四張類似的變化圖

A-4-7 生成圖片的下載

當你對 Playground 生成的圖片滿意時，可以將畫面下載到你的電腦上，它會自動儲存在你的「下載」資料夾中。

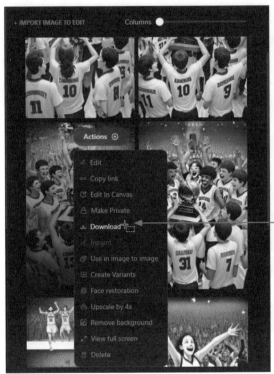

選擇「Download」
指令下載檔案

A-5 微軟 Bing 的生圖工具：Copilot

微軟 Bing 引入 Copilot 功能，可以讓使用者輕鬆地將文字轉化為圖片。這款 Copilot AI 影像生成工具已經正式推出，且對所有使用者免費開放。使用者可以輸入中文或英文的提示詞，Copilot 會迅速生成相應的圖片，可以應用在微電影影片相關的圖片包裝或輔助說明。

Copilot 會先描述設計理念再生成圖片，但目前生成的圖像僅限於正方形，無法顯示全景。這個影像生成工具使用的引擎與 ChatGPT 相同，均基於 DALL-E

技術。當使用者透過提示詞生成圖像後，可以將滑鼠游標移至任一圖像上，點擊右鍵開啟功能表，執行另存圖片、複製圖片等操作。

A-5-1　從文字快速生成圖片

現在，讓我們來示範如何使用 AI 從文字建立影像。首先請各位先連上以下的網址，請各位參考以下的操作步驟：

https://www.bing.com/images/create

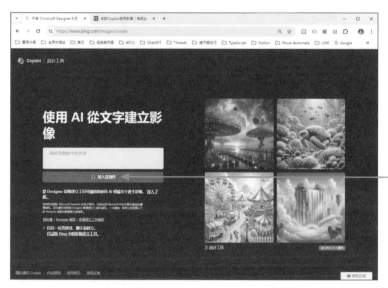

❶ 點選「加入並創作」鈕

你可以有底下的兩種登入方式：

底下筆者選擇「使用個人帳戶登入」，其相關操作步驟，示範如下：

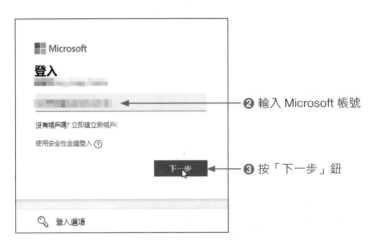

② 輸入 Microsoft 帳號

③ 按「下一步」鈕

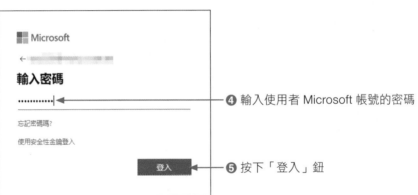

④ 輸入使用者 Microsoft 帳號的密碼

⑤ 按下「登入」鈕

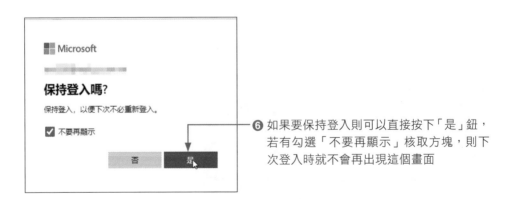

⑥ 如果要保持登入則可以直接按下「是」鈕，若有勾選「不要再顯示」核取方塊，則下次登入時就不會再出現這個畫面

登入後就可以開始使用 Copilot AI 工具來快速生成圖片，下圖為介面的簡易功能說明：

這裡會有 Credits 的數字，雖然它是免費，但每次生成一張圖片則會使用掉一點

接著我們就來示範如何從輸入提示文字，到如何產生圖片的實作過程：

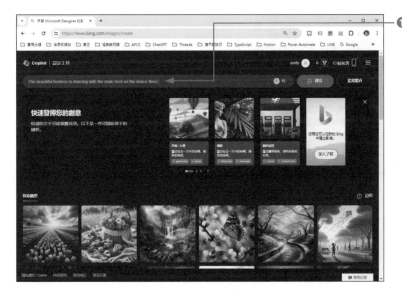

❶ 輸入提示文字「The beautiful hostess is dancing with the male host on the dance floor.」（也可以輸入中文提示詞）

❷ 按「建立」鈕
可以開始產生
圖，一些秒數
之後就可以根
據提示詞一次
生成 4 張圖片
，請點按其中
一張圖片

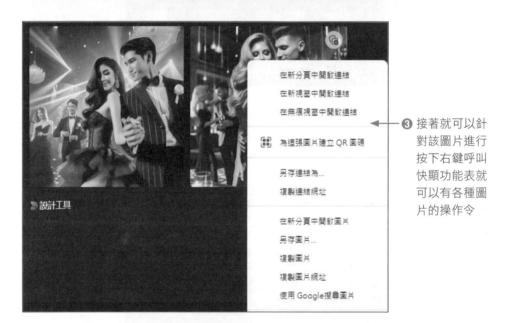

❸ 接著就可以針
對該圖片進行
按下右鍵呼叫
快顯功能表就
可以有各種圖
片的操作令

A-5-2 「給我驚喜」可自動產生提示詞

如果需要，你可以再次輸入不同的提示詞，以生成更多圖片。這樣，你就可以
使用 Copilot 輕鬆將文字轉換成圖片了。或是按下圖的「給我驚喜」可以讓系統
自動產生提示文字。

有了提示文字後，例如此處的「Superman sitting at a cubical, 1930's comic」，如下圖所示：

接著只要再按下「建立」鈕，就可以根據這個提示文字生成新的四張圖片，如下圖所示：

點選喜歡的圖像就可以查看放大呈現該圖片，並允許使用者進行「分享」、「儲存」或「下載」等操作行為。如下圖所示：

A-6　ChatGPT 和剪映軟體製作影片

當 ChatGPT 日益受到大家的關注後，透過它的幫忙可以快速為 YouTuber 製作影片內容，也能透過它來進行產品的宣傳。特別是 ChatGPT 和剪映軟體二者合體，不管是文字腳本、圖片、字幕、旁白錄音、配樂等微電影或短影片的製作，只要幾分鐘的時間就可以搞定，而且生成的影片品質可比擬專業水準。這一小節就來為各位做說明，如何利用 ChatGPT 和剪映軟體來製作影片。

A-6-1　使用 ChatGPT 構思腳本

首先各位可以將想要詢問的主題直接問 ChatGPT，這裡以端午節為例，請 ChatGPT 簡要告知端午節的由來，並請它以美食專家的身分來介紹三款台灣人最喜歡的粽子。如下圖：

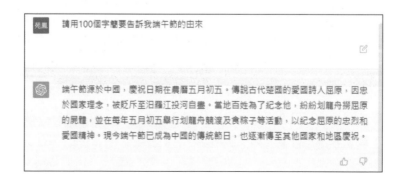

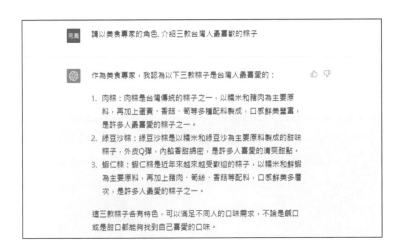

A-6-2　使用記事本編輯文案

對於 ChatGPT 所提供的內容，你可以照單全收，如果想要進一步編修，可以利用 Ctrl+C 鍵「複製」機器人的解答，再到記事本中按 Ctrl+V 鍵「貼上」文案，即可在記事本中編修內容。

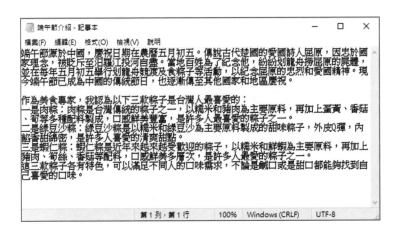

A-6-3　使用剪映軟體製作視訊

剪映軟體是一套簡單易用的影片剪輯軟體，可以輸出高畫質且無浮水印的影片，能在 Mac、Windows、手機上使用，不但支援多軌剪輯、還提供多種的素材和濾鏡可以改變畫面效果。剪映軟體可以免費使用，功能又不輸於付費軟體，且支援中文，因此很多自媒體創作者都以它來製作影片。如果要使用剪映軟體，

請自行在 Google 搜尋「剪映」，或到它的官網去進行下載。專業版下載網址為：
https://www.capcut.cn/?_trms=67db06e7ac082773.1680246341625

當你完成下載和安裝程式後，桌面上會顯示 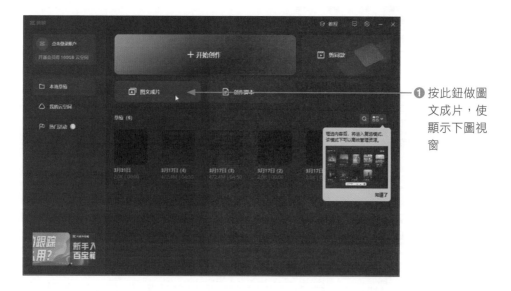 圖示鈕，按滑鼠兩下即可啟動
程式。啟動程式後會看到如下的首頁畫面，請按下「圖文成片」鈕，即可快速製
作影片。

❶ 按此鈕做圖
文成片，使
顯示下圖視
窗

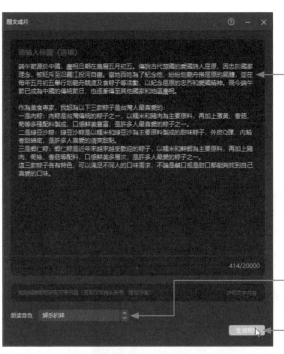

❷ 在記事本中全選文字，按 Ctrl+C 鍵複製文字後，在此按 Ctrl+V 鍵貼入文字

❸ 由此選擇朗讀者的音色

❹ 按此鈕生成視訊

❺ 影片生成中，請稍待一下

❻ 完成影片的生成，包含字幕、旁白、圖片、音樂等，按此鈕預覽影片

夠厲害吧！一分半的影片只要一分鐘的時間就產生出來了。這樣就不用耗費力氣去找尋適合的圖片或影片素材，旁白和背景音樂也幫你找好，真夠神速！如果有不適合的素材圖片你可以按右鍵來替換素材。

A-6-4　導出視訊影片

　　影片製作完成，最後就是輸出影片，按下右上角的「導出」鈕，除了輸出影片外，還可以一併導出音檔和字幕喔！

❶ 按此鈕導出影片

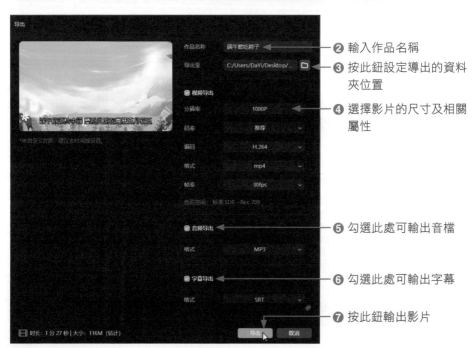

❷ 輸入作品名稱

❸ 按此鈕設定導出的資料夾位置

❹ 選擇影片的尺寸及相關屬性

❺ 勾選此處可輸出音檔

❻ 勾選此處可輸出字幕

❼ 按此鈕輸出影片

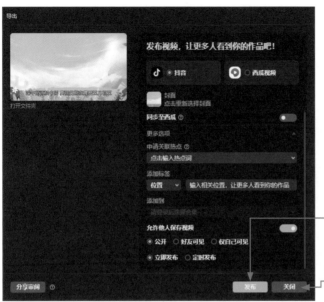

按「發布」鈕可發布到抖音或西瓜視頻

按「關閉」鈕離開可在設定的資料夾中看到影片

A-7 D-ID 讓照片人物動起來

前面我們介紹了利用 ChatGPT 讓機器人幫我們構思有關端午節的介紹。如果你希望有演講者來解說影片的內容，那麼可以考慮使用 D-ID，讓它自動生成 AI 演講者。

A-7-1 準備人物照片

在人物照片方面，你可以選用真人的照片，也可以使用前面介紹的 Midjourney 來生成人物，如下圖所示。如果你有預先將人物照片做去背處理，屆時匯入到剪映視訊軟體之中，還可以跟影片素材整合在一起。

使用 Midjourney 生成的人物

已做去背處理的人物

　　要將人物做去背處理很簡單，一般的繪圖軟體就可以做到，你也可以使用線上的 removebg 進行快速去背處理，網址為：https://www.remove.bg/zh

❶ 將相片拖曳到此處

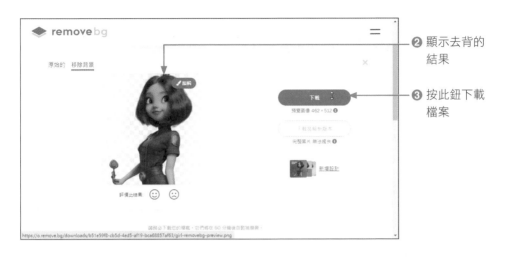

❷ 顯示去背的
　結果

❸ 按此鈕下載
　檔案

　　請將相片拖曳到網站上，幾秒鐘的時間就可以看到去背的成果，按「下載」鈕
將檔案下載到你的電腦中，接著我們就可以將去背後的人物匯入到 D-ID 網站。

A-7-2　登入 D-ID 網站

　　有了人物和解說的內容，接下來開啟瀏覽器，搜尋 D-ID，使顯現如下的畫
面。網址為：https://www.d-id.com/

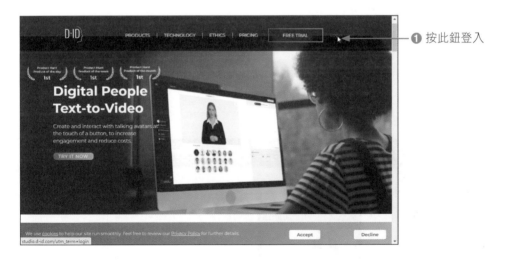

❶ 按此鈕登入

❷ 按下
「Guest」
訪客鈕，
再選擇
「Login/
Signup」

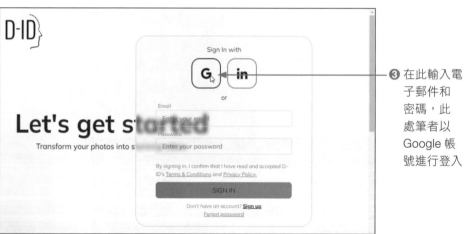

❸ 在此輸入電子郵件和密碼，此處筆者以 Google 帳號進行登入

❺ 按此鈕開始建立影片

❹ 進入個人帳號，新帳號有 20 個 Credits 可以試用

進入 D-ID 個人的帳戶後，新用戶有 20 個 Credits 可運用。要建立影片請從左上方按下「Create Video」鈕。

A-7-3　D-ID 讓真人說話

請將 ChatGPT 所生成的文字內容複製後，貼入右側的 Script 欄位，接著在 Language 欄位選擇語言，要使用繁體中文就選擇「Chinese（Taiwanese Mandarin, Traditional）」的選項，Voice 則有男生和女聲可以選擇。人物的部分，你可以直接套用網站上所提供的人物大頭貼也可以按下中間的黑色圓鈕「Add」來加入自己的照片，或是利用 AI 繪圖所完成的人物圖像，按下 🔊 鈕試聽一下人物角色與聲音是否搭配，最後按下右上方的「Generate video」鈕即可生成視訊。

❶ 貼入文案　　❻ 按此鈕產生影片

❹ 按此鈕匯入人物照片　❺ 按此鈕試聽效果　❸ 選擇人聲　❷ 選擇語言

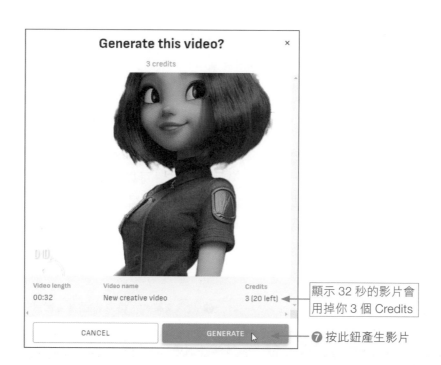

顯示 32 秒的影片會用掉你 3 個 Credits

❼ 按此鈕產生影片

❽ 影片完成囉！點選可觀看成果

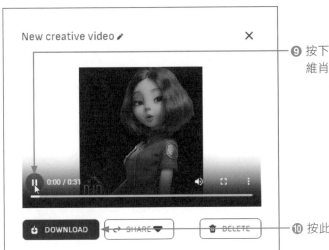

⑨ 按下「播放」鈕即可看到維妙維肖的人物播報內容

⑩ 按此鈕下載影片

A-7-4　播報人物與剪映整合

當我們匯出播報人物後,可以再將動態人物匯入到剪映軟體中做整合,並利用「自動去背」的功能完成去背處理。去背整合的技巧如下:

❶ 開啟剪映軟體,按此鈕導入剛剛下載的人物影片

❷ 將人物拖曳到時間軸中擺放

❹ 從右側面板切換到「畫面／摳像」

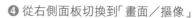

❻ 去除黑色背景的人物，完美與背景融合在一起　　　　　❺ 點選「智能摳像」的選項

這麼簡單就完成影片的製作，各位也來嘗試看看喔！

A-8 本章 Q&A 練習

Q 請舉出至少三個知名的 AI 繪圖生成工具和平台。

A Midjourney
Stable Diffusion
DALL-E 3
Copilot in Bing
Playground AI

Q 如何才能利用 **DALL-E 3** 以文字生成高品質圖像？

A 要體會這項文字轉圖片的 AI 利器，可以連上 https://openai.com/index /dall-e-3/ 網站，接著請按下圖中的「Try in ChatGPT」鈕。
目前，DALL-E 3 的圖像生成功能僅對 ChatGPT Plus 和 ChatGPT Enterprise 用戶開放，免費版用戶暫時無法使用這項功能。不過，免費用戶可以透過 Bing 的 Copilot 來體驗 DALL-E 3 的圖像生成技術，感受其強大的功能。

Q 在 **Midjourney** 萬一呈現出來的畫作與你期望的落差很大，有哪些作法可以改善？

A 下達指令詞彙後，萬一呈現出來的四個畫作與你期望的落差很大，一種方式是修改你所下達的英文詞彙，另外也可以在畫作下方按下 🔄 重新整理鈕，Midjourney 就會重新產生新的四個畫作出來。

Q 請簡述 Playground AI 繪圖網站的主要功能。

A Playground AI 免費且不需要進行任何安裝程式，並且經常更新，以確保提供最新的功能和效果。Playground AI 目前提供無限制的免費使用，讓使用者能夠完全自由地客製化生成圖像，同時還能夠以圖片作為輸入生成其他圖像。使用者只需先選擇所偏好的圖像風格，然後輸入英文提示文字，最後點擊「Generate」按鈕即可生成圖片。

Q 試舉例簡單示範如何利用 ChatGPT 扮演 Playground AI 的提示詞生成器。

A 結合 ChatGPT 和 Playground AI 的方式將為我們帶來更加豐富和獨特的圖像創作體驗。現在就讓我們開始利用 ChatGPT 來生成最佳的繪圖提示，並在 Playground AI 中展開創作吧！

prompt 提示：接下來請你扮演 Playground AI 繪圖提示生成器

> **TX** 接下來請你扮演Playground AI繪圖提示生成器
>
> 當然，我很樂意扮演Playground AI繪圖提示生成器的角色。請告訴我您希望生成的圖片內容或提供一些關鍵字，我將努力為您生成一個適合的繪圖提示。請描述您期望的畫面風格、主題或任何您想在圖片中看到的元素。我將嘗試生成一個繪圖提示，讓您可以在Playground AI中繼續創作。請提供您的需求，我將盡力幫助您。

當我們告訴 ChatGPT 我們想要的畫面效果時，接下來就輸入要提示的文字內容。

prompt 提示：我想要一個歡樂的籃球總冠軍賽奪冠的慶祝畫面。

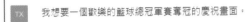

> TX　我想要一個歡樂的籃球總冠軍賽奪冠的慶祝畫面。
>
> 給您的繪圖提示是：「一個歡樂的籃球總冠軍賽奪冠的慶祝畫面」。
> 您可以將這個提示複製並貼到Playground AI的Prompt區塊中，然後按
> 下「Generate」來生成相應的圖片。希望這個繪圖提示能幫助您創作
> 出一個令人歡欣鼓舞的畫面！

Q 請簡述「微軟 Bing 的生圖工具：Copilot」的功能特點。

A 微軟 Bing 引入了 Copilot 功能，使得使用者可以輕鬆地將文字轉化為
圖片。這款 Copilot AI 影像生成工具已經正式推出，且對所有使用者
免費開放。使用者可以輸入中文或英文的提示詞，Copilot 會迅速生成
相應的圖片。

Copilot 會先描述設計理念再生成圖片，但目前生成的圖像僅限於正方
形，無法顯示全景。這個影像生成工具使用的引擎與 ChatGPT 相同，
均基於 DALL-E 技術。當使用者透過提示詞生成圖像後，可以將滑鼠
游標移至任一圖像上，點擊右鍵開啟功能表，執行另存圖片、複製圖
片等操作。

MEMO

讀者回函

感謝您購買本公司出版的書，您的意見對我們非常重要！由於您寶貴的建議，我們才得以不斷地推陳出新，繼續出版更實用、精緻的圖書。因此，請填妥下列資料(也可直接貼上名片)，寄回本公司(免貼郵票)，您將不定期收到最新的圖書資料！

購買書號：＿＿＿＿＿　　書名：＿＿＿＿＿

姓　　名：＿＿＿＿＿＿＿＿＿＿＿＿＿＿＿＿＿＿＿＿＿

職　　業：□上班族　　□教師　　□學生　　□工程師　　□其它

學　　歷：□研究所　　□大學　　□專科　　□高中職　　□其它

年　　齡：□10~20　　□20~30　　□30~40　　□40~50　　□50~

單　　位：＿＿＿＿＿＿＿＿＿　部門科系：＿＿＿＿＿＿＿

職　　稱：＿＿＿＿＿＿＿＿＿　聯絡電話：＿＿＿＿＿＿＿

電子郵件：＿＿＿＿＿＿＿＿＿＿＿＿＿＿＿＿＿＿＿＿＿

通訊住址：□□□＿＿＿＿＿＿＿＿＿＿＿＿＿＿＿＿＿＿＿
＿＿＿＿＿＿＿＿＿＿＿＿＿＿＿＿＿＿＿＿＿＿＿＿＿＿

您從何處購買此書：

□書局＿＿＿＿　□電腦店＿＿＿＿　□展覽＿＿＿＿　□其他＿＿＿＿

您覺得本書的品質：

內容方面：　□很好　　　□好　　　□尚可　　　□差

排版方面：　□很好　　　□好　　　□尚可　　　□差

印刷方面：　□很好　　　□好　　　□尚可　　　□差

紙張方面：　□很好　　　□好　　　□尚可　　　□差

您最喜歡本書的地方：＿＿＿＿＿＿＿＿＿＿＿＿＿＿＿＿

您最不喜歡本書的地方：＿＿＿＿＿＿＿＿＿＿＿＿＿＿＿

假如請您對本書評分，您會給(0~100分)：＿＿＿＿＿　分

您最希望我們出版那些電腦書籍：

請將您對本書的意見告訴我們：

您有寫作的點子嗎？□無　　□有　　專長領域：＿＿＿＿＿

221

博碩文化股份有限公司　產品部

台灣新北市汐止區新台五路一段 112 號 10 樓 A 棟